U0173619

中小学科普经典阅读书系

李毓佩

几何王国大冒险

李毓佩\著

长江出版传媒 | 长江文艺出版社

图书在版编目（CIP）数据

李毓佩. 几何王国大冒险 /李毓佩著. -- 武汉 : 长江文艺出版社，2022.10
（中小学科普经典阅读书系）
ISBN 978-7-5702-2418-0

Ⅰ. ①李… Ⅱ. ①李… Ⅲ. ①几何－青少年读物 Ⅳ. ①01-49

中国版本图书馆 CIP 数据核字(2021)第 204458 号

李毓佩. 几何王国大冒险
LI YUPEI JIHE WANGGUO DA MAOXIAN

责任编辑：马菱药　　责任校对：毛季慧
设计制作：格林图书　　责任印制：邱　莉　胡丽平

出版：长江出版传媒 | 长江文艺出版社
地址：武汉市雄楚大街 268 号　　邮编：430070
发行：长江文艺出版社
http://www.cjlap.com
印刷：武汉中科兴业印务有限公司

开本：640 毫米×970 毫米　1/16　印张：9.5　插页：1 页
版次：2022 年 10 月第 1 版　2022 年 10 月第 1 次印刷
字数：61 千字

定价：26.00 元

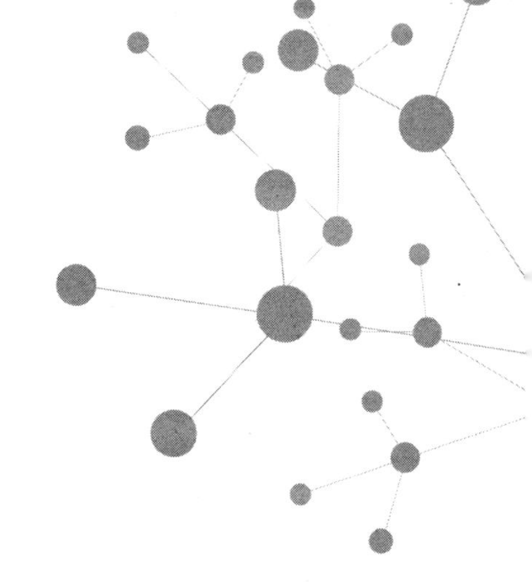

总　序

叶永烈

放在你面前的这套“中小学科普经典阅读书系”，是从众多科普读物中精心挑选出来的适合中小学生阅读的科普经典。

少年强，则中国强。科学兴，则中国兴。广大青少年，今天是科学的后备军，明天是科学的主力军。在作战的时候，后备力量的多寡并不会马上影响战局，然而在决定胜负的时候，后备力量却是举足轻重的。

一本优秀、生动、有趣的科普图书，从某种意义上讲，就是这门科学的“招生广告”，把广大青少年招募到科学的后备军之中。

优秀科普图书的影响，是非常深远的。

这套“中小学科普经典阅读书系”的作者之一高士其，是中国著名老一辈科普作家，也是我的老师。他在美国留学时做科学实验，不慎被甲型脑炎病毒所感染，病情日益加重，以至全身瘫痪，在轮椅上度过一生。他用只有秘书、亲属才听得懂的含混不清的“高语”口授，秘书记录，写出一本又一本脍炙人口的科普图书。他曾经告诉我这样的故事：有一次，他因病住院，一位中年的主治大夫医术高明，很快就治好了他的病，令他十分佩服。出院时，高士其请秘书连声向这位医生致谢，她却笑着对高士其说：“应该谢谢您，因为我在中学时读过您的《菌儿自传》《活捉小魔王》，爱上了医学，后来才成为医生的。”

这样的事例，不胜枚举。

就拿著名科学家钱三强来说，他小时候的兴趣变幻无穷，喜欢唱歌、画画、打篮球、打乒乓、演算算术……然而，当他读了孙中山先生的重要著作《建国方略》（一本讲述中国发展蓝图的图书）后，深深被书中描绘的科学远景所吸引，便决心献身科学。他属牛，从此便以一股子“牛劲”钻研物理学，成为核物理学家，成为新中国“两弹一星”元勋、中国科学院院士。

蔡希陶被人们称为“文学留不住的人”，尽管他小时候酷爱文学，写过小说，但是当他读了一本美国人写的名叫《一个带着标本箱、照相机和火枪在中国的西部旅行的自然科学家》的记述科学考察的书后，便一头钻进生物学王国，后来成为著名植物学家、中国科学院院士。

著名的俄罗斯科学家齐奥科夫斯基把毕生精力献给了宇宙航行事业，那是因为他小时候读了法国作家儒勒·凡尔纳的科学幻想小说《从地球到月球》，产生了变幻想为现实的强烈欲望，从此开始研究飞出地球去的种种方案。

童年往往是一生中决定志向的时期。人们常说："十年树木，百年树人。"苗壮方能根深，根深才能叶茂。只有从小爱科学，方能长大攀高峰。"发不发，看娃娃。"一个国家科学技术将来是否兴旺发达，要看"娃娃们"是否从小热爱科学。

中国已经站起来，富起来，正在强起来。中国的强大，第一支撑力就是科学技术。愿"中小学科普经典阅读书系"的广大读者，从小受到科学的启蒙，对科学产生浓厚的兴趣，长大之后成为中国方方面面的科学家，担负中国强起来的重任。

2019 年 5 月 22 日于上海"沉思斋"

目录

Contents

01

方与圆　曲与直

难求的完美正方形

20 世纪 30 年代，在英国剑桥大学的一间学生宿舍里，聚集了四名大学生，他们是塔特、斯东、史密斯、布鲁克斯。他们在研究一个有趣的数学问题——完美正方形。什么是完美正方形呢？如果一个大的正方形是由若干个大大小小的不同正方形构成，这个大正方形叫作“完美正方形”。

许多人认为，这样的正方形是根本不存在的。

假如有，为什么没有人把它画出来呢？ 但是，聚集在这里的四名大学生，相信完美正方形是存在的。这次聚会虽然没讨论出一个结果，但是，他们下决心要突破这个难题。

几年之后，四个人再一次聚会，每个人都有成绩。 布鲁克斯发现了一种“完美正方形”，史密斯和斯东发现了另一种，而塔特找到了进一步研究的途径。

又过了几年，他们发现了一个由39个大小不等的正方形组成的完美正方形。 这个完美正方形不是碰运气找到的，而是在理论指导下完成的。 这个完美正方形的每边长为4639单位，39个小正方形的边长依次为：

1564，1098，1033，944，1163，65，491，737，242，249，7，235，256，259，478，324，296，219，620，697，1231，1030，201，829，440，992，283，157，126，31，341，519，409，163，118，140，852，712，2378单位长。

四位当年的大学生通过完美正方形的研究，都成了组合数学和图论专家。他们的研究成果被应用到物理、化学、计算机技术、运筹学、语言学、建筑学等许多领域。

数学家又提出一个新的问题：存不存在由最少数目的正方形组成的完美正方形呢?

1978 年，荷兰数学家杰维斯廷，设计了一个巧妙而又复杂的计算程序，借助于电子计算机的帮助，终于找到了这个由最少数目的正方形组成的完美正方形。它的边长为 112 单位长，由 21 个小正方形组成(如下图)。这些小正方形的边长依次为:

2，4，6，7，8，9，11，15，16，17，18，19，24，25，27，29，33，35，37，42，50 单位长。

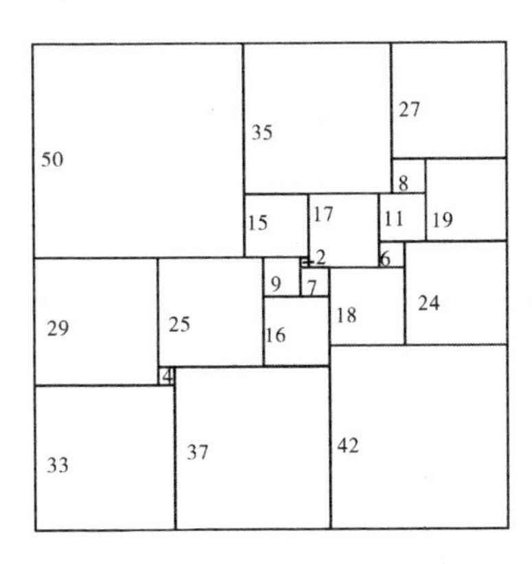

塔特教授曾于1980年来我国讲学，他是世界上最著名的图论学专家。塔特教授满怀深情地讲述研究了40年的完美正方形的故事。

花边几何

生活中常常会看到许多漂亮的花边。

仔细观察，就会发现它们都是对称的。

对称，从字面上解释，就是两个东西，相对而又相称。如果把这两个东西对换一下，就好像没动过一样。

花边尽管很长，它往往是同一个图形的反复出现。如果把一个图形简化成一条短线段，可以研究一下一条长花边是由这个图形经过了什么样的动作构成的。

花边在数学上叫作“带饰”。带饰上的一部分图形经过平移可以生成全部带饰。这部分图形叫作“带饰单位”。和带边平行并且通过带的正中间的直线叫“横轴”。

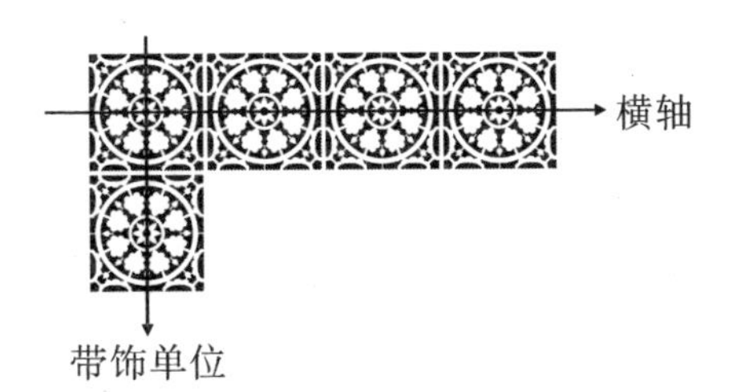

带饰在生成过程中，可以有如右边几个动作：

(1)只有平移。

(2)对于横轴的反射(也就是沿横轴翻转)，即轴对称。

(3)对于垂直于横轴的直线的反射。

(4)关于带饰单位和横轴交点的中心对称。

(5)上面各种动作都有。

(6)对横轴作反射后又沿横轴方向滑动。

(7)有(3)(4)(6)三种动作。

自然界中，对称最突出表现在晶体之中。晶体中的原子在平衡位置时在空间中组成一个有规则的形体。晶体的物理性质与晶体的内部结构有关。

下图是食盐 NaCl 晶体里原子的排列模型，黑点代表钠原子，圆圈代表氯原子。

俄国的结晶学家费德洛夫应用空间对称的观点，于 1885 年首次发现了晶体在空间的排列状况共 230 种，后来利用 X 射线研究晶体结构，从得到的照片上完全证实了费德洛夫的理论。

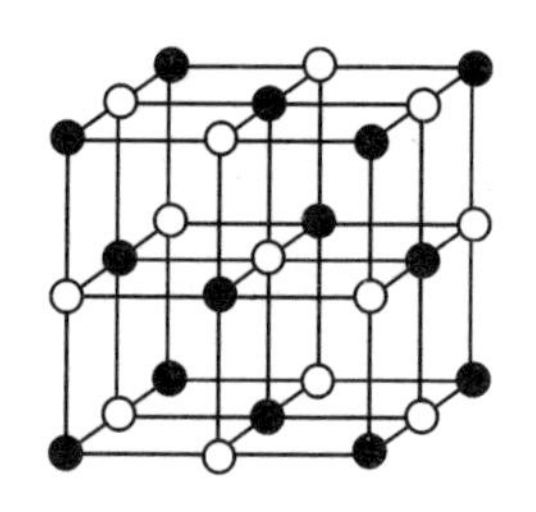

对称在打台球中也是必不可少的。在一个长方形的球台 $ABCD$ 上，P 点、Q 点各放着一个球。现在要求 P 点的球先碰 AB 边，反弹到 BC 边，最后反弹碰到 Q 点的球，问 P 点的球应该撞击 AB 边的哪一点，才能达到上述要求？

先要找到 P 点关于 AB 的对称点 P'，再找到 P' 关于 BC 边的对称点 P''。连结 $P''Q$ 交 BC 于 F，连结 $P'F$ 交 AB 于 E，则 E 为所求的点。

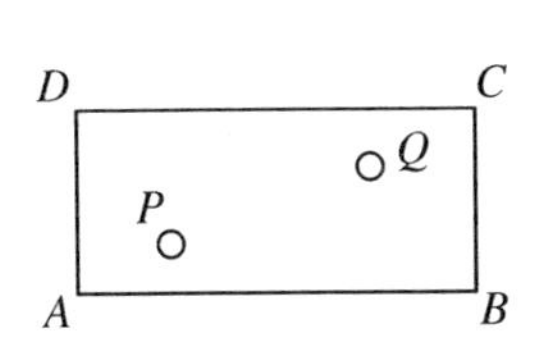

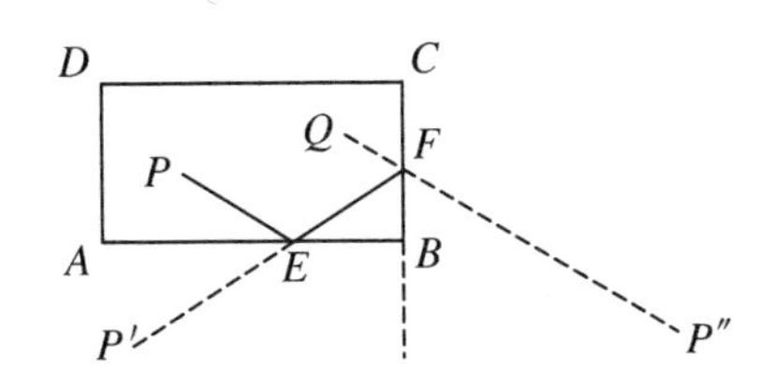

生物中的几何

生物几何学、生物数学近几十年发展得非常快。

早在 17 世纪，意大利著名学者伽利略就发现，动物的长度和它的皮肤面积、身体重量成一定的比例。当动物长度增加的时候，它的皮肤面积按身体长度的平方增长，而它的重量则按身体长度的立方增长。这就是说，动物成长的时候，它的皮肤面积比身长增加得快，而体重增加得更快。

个头大、身体重的动物，压在它脚上每平方厘米上的重量，比体形小的动物要大得多。小到兔子，大到大象，为了支撑住它们本身的重量，还要自由行动，必须相应地增粗、增大它们的腿和脚。但是，这种增加也是有限度的，陆地上最大的动物就是大象了。

海生动物在这方面要有利得多。由于水的浮力可以减轻身体过重的负担，它们可以长得更大、更重。比如巨鲸可长到30米，体重超过50吨。

身长、体重和皮肤面积的比例关系，直接影响动物的新陈代谢和热量损耗速度。动物的个头越小，相对体重的皮肤的面积就越大，热量散失得越快。因此，小动物为了防止冬季散失热量太快，采取了冬眠的办法，减少新陈代谢，保持身体热量。大一些的动物反而能经受得住寒冷。一般来说，高纬度地区的哺乳动物，体形比低纬度地区的要大一些。比如，东北虎比华南虎要大些。这不是偶然的。这是千万年来大自然选择的结果，也是生物体对环境的一种适应。这里头也蕴藏着数学和物理的法则呢。

动植物的外形与几何的关系就更密切了。蛇像一条圆锥，蚯蚓像一根圆柱，麻雀像一个圆球连在一个椭圆球上，再接上一个扇形的尾巴。植物的叶绿体是圆的，许多根、茎、叶、花、果实是圆的或圆柱形的。

一种叫作梭尾法螺的海螺壳上，有一条由小到大、不断转圈的曲线，叫作对数螺线(如下图)。

把向日葵花盘上的种子，按照它自然弯曲成的

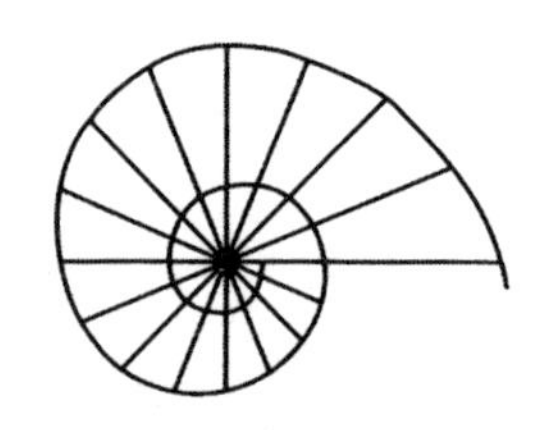

曲线剥去一部分，可以清楚看到葵花子的排列情况，也是一条对数螺线。找一个松塔儿来，从顶端往下看，我们可以看到一条条自然弯曲的线，这条线也是近似的对数螺线。

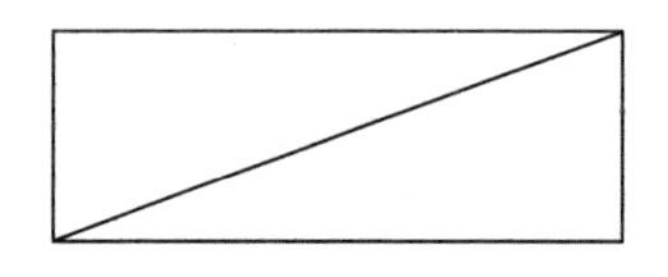

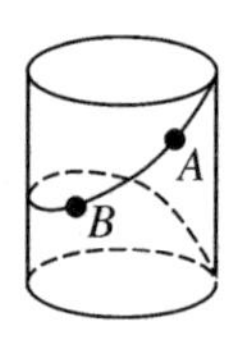

裁出一个长方形，画出它的对角线，然后把长方形卷成一个圆柱，对角线就成为一条圆柱螺旋线。

圆柱面上不在一条母线、也不在垂直于母线的圆上的两点 A、B，以通过 A、B 的螺旋线距离最短。（如上图）牵牛花是蔓生植物，要缠绕在其他直立的植物上生长。植物需要阳光，只有长得更快更高，才能不被其他植物遮在下面。牵牛花缠绕其他植物的方向是固定的从右往左旋转，数学上把这样旋转的螺旋线叫作右螺旋线。菜豆也是按右螺旋线生长的。也有一些蔓生植物是从左往右旋转生长的，如蛇麻草，这种螺旋线叫左螺旋线。

规矩与方圆

我国很早就会使用圆规和角尺。在我国商代晚期(约公元前13世纪)的甲骨文中，已经有了“规”“矩”两个字。“规”字的右边是一只手，它正拿着圆规在画圆；“矩”字写得很像两把角尺合在一起。现保存于山东嘉祥县的汉武梁祠石室造像(129年—147年)中，就有伏羲氏手执矩、女娲氏手执规的图像。

我国古书上记载了许多有关规矩的使用方法。《孟子·离娄上》记有“不以规矩，不能成方圆”，意思是说不用圆规和角尺，就不能画成方形和圆形。

《墨子·天志上》记有“轮匠执其规矩，以度天下之方圆”，意思是说造车的工匠，拿着圆规和角尺来计算方形和圆形。

规矩如此重要、如此深入人心，以致人们常在日常生活中以懂不懂“规矩”，来表示一个人是不是知书达理。

我国也是最早给圆以科学定义的国家。《墨经》(公元前 4 世纪到公元前 3 世纪)中记有“圜，一中同长也”，这里说的“圜”就是圆。这句话的意思是：圆，圆周上的点到圆心距离都相等的图形。这个定义和现代圆的定义基本上相同，而且是语言最简练的圆的定义。花匠在地面上画圆时，一般是先在适当的位置钉上一个木桩，把大绳的一端拴在木桩上，另一头拴根木棍，拉紧大绳转上一圈儿，就可以画出一个圆。这种“拉绳画法”就是根据《墨经》上圆的定义发明的。

尽管自古以来，人们把圆和正方形看成是平面上的两个最基本的图形，但圆就是圆，方就是方，方和圆是对立的两种图形，二者不能相互转化。

到公元前5世纪时，在圆和方相互转化的问题上有了突破。先讲一个与此有关的古希腊有趣传说。

古希腊人认为太阳是神，是一位叫阿波罗的太阳神。他们认为是阿波罗神给人类带来了光明。太阳真是阿波罗神吗？古希腊科学家对此早有怀疑。公元前5世纪，古希腊哲学家安那萨哥拉斯发现太阳是个大火球，根本不是什么阿波罗神。安那萨哥拉斯的发现是完全正确的，官府却以“亵渎神灵罪”将他投入监狱。

安那萨哥拉斯是个捍卫真理的无畏战士。在法庭上，他大声疾呼：“哪有什么太阳神阿波罗呀！那个光耀夺目的大球，只不过是一块火热的石头，大概有伯罗奔尼撒半岛那么大。那个夜晚发出清光，晶莹透亮像一面大镜子的月亮，它本身并不发光，全靠太阳照射，它才有了光亮。”

尽管安那萨哥拉斯讲的是科学，讲的是真理，但当时没几个人相信他，他还是被官府处以死刑。在监狱里，安那萨哥拉斯不忘他的科学研究。夜晚，圆圆的月亮透过正方形的铁窗照进牢房，使安那萨哥拉斯对圆月亮和方铁窗产生了兴趣。他不断变换观察的位置，一会儿看见圆比正方形大，一会儿又看见正方形比圆大。最后他说："好了，就算两个图形的面积一样大好了。"

安那萨哥拉斯把“求作一个正方形，使它的面积等于已知的圆面积”作为一道作图题来做，限定用“尺规作图法”。

什么是“尺规作图法”呢？古希腊数学家规定：

> 直尺只限于以下两种用法：
>
> 1. 经过已知两点作一条直线；
>
> 2. 无限制地延长一条直线。
>
> 圆规只有一种用法：以任意一点为中心，任意给定的长度为半径，画一个圆或一段弧。

开始，安那萨哥拉斯以为这个问题很容易解决。没想到，他日思夜想，却一点进展也没有。后来经过好友的多方营救，安那萨哥拉斯获释出狱。他把自己在狱中想到的问题公布出来，引起了许多数学家的兴趣。许多人想解决这个问题，可是没有一个人成功。后来人们就把这个问题叫作“化圆为方”问题。此后两千多年，许多著名科学家想解决这个问题，但无一人能找到办法！直到 19 世纪，人们终于弄明白了，原来用“尺规作图法”来解决“化圆为方”问题是不可能的！

看来圆和正方形是水火不相容的，连用“尺规作图法”作一个正方形使它的面积等于已知的圆面积都不可能，难怪人们用“曲直分明”来形容两件对立、不相容的事物了。

上面的事实告诉我们：

方和圆，一般地说直和曲，就是一对矛盾。

这里出现一个问题：

直和曲除了有矛盾的一面，还会有别的关系吗？

方砖头砌出圆烟囱

我们所见的烟囱，大多数都是圆形的。可是走近一看，不对了，这些圆烟囱无一例外都是由方砖头砌成的。怪了？怎么能用方砖头砌出圆烟囱？不是“曲直分明”吗？哪儿出了问题？

是你的眼睛出了问题。其实烟囱的每一层都不是一个圆，而是一个正多边形。你绝不会把正方形看成圆，也不会把正六边形看成圆，但是不敢保证你不把正48边形看成为圆，而对于正96边形你多半会把它当作圆！随着正多边形边数的增加，正多边形越来越像圆了。

这件事启发我们：在一定的条件下，曲直不再分明，曲直可以相互转化。数学家还发现，要想研究曲线非借助于直线不可，离开了“直”根本就无法研究“曲”。其实这个道理，古代数学家很早就知道，并把它用在求圆周率 π 中。

为什么研究“曲”非要借助“直”不可呢?

这里主要是度量问题。很早以前，人们就知道规定一个长度单位去度量线段的长度。比如唐太宗李世民规定：以他的双步，也就是左右脚各走一步作为长度单位，这个单位叫作“步”。从三千多年前古埃及的纸草书上可以发现，古埃及人用法老胡夫的前臂作为长度单位，叫作“腕尺”。考古学家发现一块公元前 6 世纪的古希腊大理石饰板，图案是一个人向两侧伸展手臂。从图上可以看出，古希腊人把这个人的两个中指尖的距离定为长度单位“哷”。

直线段可以用人类规定的长度单位去度量。曲线呢？拿最简单的圆周来说吧。有人说，仍用直尺去度量不成吗？不成！直线和圆周或者相切(交

于一个点），或者相割（交于两个点），而数学上规定点是没有大小的，所以用直尺是无法测出圆周的长度的。

有人又想到，做一种专门用来度量圆周的“圆弧尺”行不行？ 也不成！ 圆有大有小，半径越小，圆周弯曲得越厉害。 两个半径不同的圆周也是或者相切（交于一个点），或者相交（交于两个点）。谁也无法做出一把“通用”的圆弧尺，来度量所有的圆。

看来从圆的本身是无法解决圆周的度量问题了。 这时人们开始考虑“曲”和“直”相互转化的途径。 人们发现，当正多边形的边数成倍增加时，正多边形越来越像圆。 也就是说，令正多边形的边数倍增，就是“曲”和“直”相互转化的一条途径。

我国魏晋时期的著名数学家刘徽，就是沿着这条思路，创造出了著名的“割圆术”。 刘徽在求圆周率 π 时使用了“割圆术”。 他是怎样割圆的呢？

首先在圆内作一个内接正六边形，根据圆内接正六边形的每条边长都等于半径，圆周率等于圆的周长除以直径，如果把圆内接正六边形的周长(6 条边之和等于 6 倍的半径长，即 3 倍的直径长)近似看作圆的周长，这时求出的圆周率的近似值是 3。刘徽之前很长一段时期，人们就把圆周率看成是 3，称为古率。

刘徽对古率不满意，认为它过于粗糙。为了得到更精确的圆周率，他把圆内接正六边形每条边所对的弧平分，用刘徽的话说就是割圆，把割到的 6 个点，与圆内接正六边形的 6 个顶点顺次连接，得到一个圆内接正十二边形(如右图)根据三角形两边之和大于第三边，可以得出圆内接正十二边形的周长大于圆内接正六边形的周长，更接近于圆的周长。

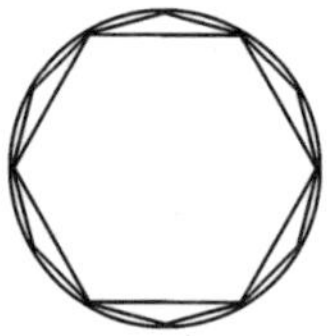

刘徽就是这样用“割圆术”成倍地增加圆内接正多边形的边数，一直割到圆内接正 192 边形，算得圆周率的近似值是 3. 14。

刘徽在“割圆术”中说：“割之弥细，所失弥少。割之又割，以至于不可割，则与圆周合体，而无所失矣。”这段话的意思是说：“用这种成倍地增加圆内接正多边形的边数的方法继续作下去，你把圆周分得越细，圆内接正多边形的周长与圆周长相差越小。这样一次一次地作下去，分到不能再分了，那么圆内接正多边形的周长和圆周长将合为一体，没有误差了。”

为了纪念刘徽的功绩，人们把他所创造的割圆术叫作“刘徽割圆术”，把他计算的圆周率 3.14 叫作“徽率”。我国当代数学家吴文俊先生，在中国

科学院数学所组织了一个数学讨论班，就是以刘徽的名字来命名的。

我国南北朝时期的数学家祖冲之(429 年—500 年)，在求圆周率上又往前走了一步。 他使用一种叫作“缀术”的方法，把圆周率计算到小数点后第 7 位，即

3. 1415926<圆周率<3. 1415927。

这么高精确度的圆周率，在世界上领先了一千多年。 祖冲之所使用的缀术早已失传。 有的数学史家猜测，所谓缀术就是经过改进的割圆术。 如果真是这样，圆周率要想算到小数点后第 7 位，祖冲之要割到圆内接正 24576 边形!

刘徽的“割圆术”告诉我们：甲、乙矛盾的双方，当我们想研究甲而遇到不可逾越的困难时，不妨从它的对立面乙方去着手研究。 当你从它的对立面去考虑时，往往会使你“山重水复疑无路，柳暗花明又一村”。

刘徽创造了“割圆术”，求出了“徽率”，固然

很伟大，但他关于圆内接正多边形和圆可以互相转化的思想，更是人类思想的一次飞跃。多边形和圆本来是水火不容的一对矛盾，但是刘徽指出，在一定条件下它们是可以相互转化的。

如果你有足够的耐心和细心，像刘徽那样作出了一个圆内接正 192 边形，那么，不仔细看的话，这个圆内接正 192 边形和圆很难区分开来。也就是说，随着边数的倍增，“直”越来越趋于“曲”了。如果祖冲之真的把圆割到圆内接正 24576 边形，那么这个圆内接正 24576 边形必然和圆合为一体，你无法分辨哪个是方，哪个是圆。

上面的事实告诉我们：

直和曲这一对矛盾，在一定条件下可以互相转化。

接着又出了一个问题：

直和曲相互转化的条件是什么？

开普勒的大胆想法

16 世纪，出现了一个在计算圆面积上做出重大贡献的人，他就是德国天文学家开普勒（1571 年—1630 年）。开普勒生于离斯图加特不远的一个地方，他不足月出生，从小体质虚弱。从小时候起，他经受了一个又一个打击：3 岁时，由于父母感情不和，母亲离家出走；4 岁时患天花，又患猩红热，虽然小命保住了，却落了个满脸大麻子，视力受到损害；再长大一点，父亲和一个“朋友”做生意，这个“朋友”携两人的钱潜逃，从此开普勒家贫如洗。

少年开普勒并没有被接踵而来的灾难吓倒。他一面做工，一面学习，靠半工半读读完了大学。他原来想成为一名路德教的传教士，但后来对天文学产生了浓厚兴趣，立志研究天文。1594 年，开普勒成为奥地利格莱兹大学的讲师。1599 年，他成

了丹麦天文学家第谷·布拉赫的助手，当时第谷是布拉格鲁道夫二世的宫廷天文学家。1601年，第谷突然去世，开普勒整理了第谷遗留下的大量资料，于1609年提出行星运动的第一和第二定律，10年后即1619年又提出行星运动的第三定律。开普勒在天文学上做出了划时代的贡献。

开普勒是一位出色的天文学家，同时也是一位卓越的数学家。由于生活所迫，他当过家庭教师，教授数学。他对求圆面积的问题非常感兴趣，进行过深入研究。开普勒想，古代数学家用正多边形去逼近圆这种分割圆的方法来求圆面积，所得的结果都是近似值。为了提高近似的程度，就需要不断增加分割的次数。但是，即使分割几千次、几万次，只要是有限次，求出来的只是正多边形的面积，是圆面积的近似值。要想求出圆面积的精确值，必须分割无穷多次，把圆分成无穷多等份才行。天哪，把圆分成了无穷多等份，每一份会是什么样子呢？

开普勒决心分下去。他模仿切西瓜的方法，把圆分割成许多小扇形。不同的是，他一上来就把圆分成无穷多个小扇形，而不是从圆内接正六边形出发，然后再让边数倍增。

开普勒说，因为分割出来的这些小扇形太小了，小弧$\overset{\frown}{AB}$也太短了（如右图），所以可以把小弧$\overset{\frown}{AB}$和小弦$\overline{AB}$看成是相等的，即$\overset{\frown}{AB}=\overline{AB}$。这样一来，小扇形 AOB 就变成为小三角形 AOB 了，而小三角形 AOB 的高就是圆的半径 R。于是，开普勒就得到：

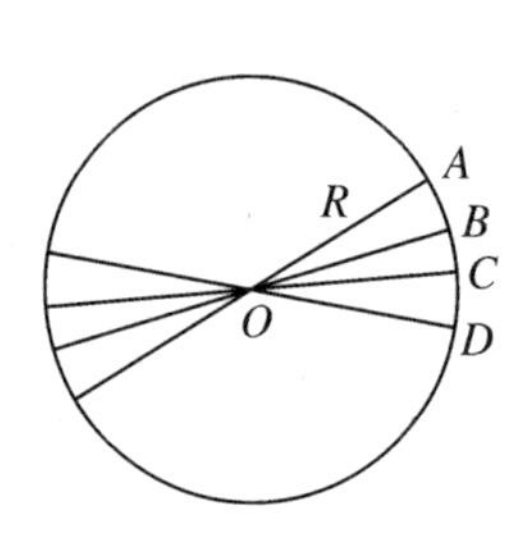

小扇形 AOB 的面积

=小三角形 AOB 的面积

$=\frac{1}{2}R\times\overline{AB}$

圆的面积就等于这无穷多个小扇形面积之和，所以有

$$S_{\odot}=\frac{1}{2}R\times\overline{AB}+\frac{1}{2}R\times\overline{BC}+\frac{1}{2}R\times\overline{CD}+\cdots\cdots$$

$$=\frac{1}{2}R\times(\overline{AB}+\overline{BC}+\overline{CD}+\cdots\cdots)$$

$$=\frac{1}{2}R\times(\overset{\frown}{AB}+\overset{\frown}{BC}+\overset{\frown}{CD}+\cdots\cdots)$$

在最后一个式子中，各段小弧相加就是圆的周长 $2\pi R$，所以有

$$S_{\odot}=\frac{1}{2}R\times 2\pi R=\pi R^2。$$

这就是我们熟悉的圆面积公式。

开普勒看到这个结果，非常高兴。他还用这种无限分割的方法求出了许多图形的面积，这些结果经检查都是对的，这说明他使用的方法是正确的。1615 年，开普勒把自己创造的求面积的新方法，发表在《葡萄酒桶的立体几何》一书中。

你也许会问：这本书的书名怎么和葡萄酒桶挂上了钩呢？

原来，这个古怪的书名是有来由的。当时，开普勒已经把书写好了，可是苦于找不到一个合适的书名。一天，开普勒到酒店去喝酒，他发现奥地利的葡萄酒桶，和他家乡的葡萄酒桶不一样。开普勒想，奥地利的葡萄酒桶为什么要做成这个样子呢？

高一点好不好，扁一点行不行？这里面会不会有什么学问？经过研究他发现，当圆柱形酒桶的截面 $ABCD$ 的对角线长度固定时，比如等于 m(如下图)，以底圆直径 BC 和高 AB 的比等于$\sqrt{2}$时，体积最大，装酒最多。奥地利的葡萄酒桶恰好是按这个比例做成的。这一意外的发现，使开普勒非常兴奋，于是决定给这本关于求面积和体积的书，起名为《葡萄酒桶的立体几何》。

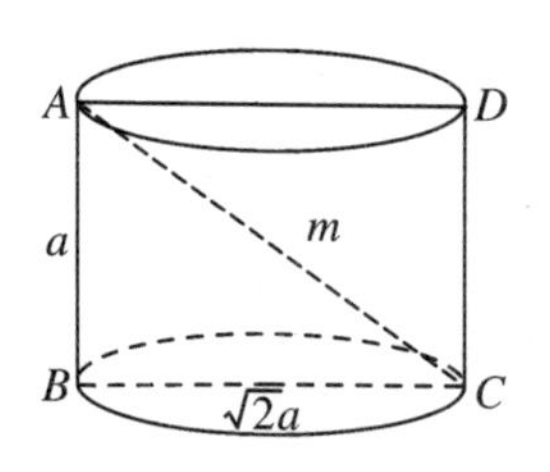

在这本书中，开普勒除了介绍他求面积和体积的新方法外，还给出了他求出的近百个旋转体的体积。比如，他计算了圆弧绕着弦旋转一周，所产生的各种旋转体的体积。这些旋转体的形状，有的像苹果，有的像柠檬，有的像葫芦(如下图)。

开普勒大胆地把圆分割成无穷多个小扇形，又

果敢地断言：无穷小的扇形面积，和它对应的无穷小的三角形面积相等。他在前人有限分割的基础上，向前迈出了重要的一步。《葡萄酒桶的立体几何》一书，在欧洲很快就流传开来。数学家高度评价开普勒的工作，称赞这本书是人们创造求面积和体积新方法的灵感源泉。

一种新的理论，在开始的时候很难十全十美。开普勒创造的求面积的新方法，引起了一些人的疑问：把圆分割成无穷多个小扇形，每个小扇形的面积究竟等不等于零？如果等于零，半径 OA 和半径 OB 必然重合，小扇形 OAB 就不存在了(如右图)；如果它的面积不等于零，小扇形 OAB 与小三角形 OAB 的面积就不会相等，此时开普勒把两者看作相等就不对了。

面对别人提出的问题，开普勒自己也说不清楚。看来，开普勒这种求面积和体积的新方法还存在着致命的问题。

看来开普勒有点操之过急，他一上来就把圆分割成无穷多个小扇形。在这无限小的扇形里，他把“直”“曲”这一对矛盾，也就是等腰三角形和扇形看成是一个东西了，抹杀了两者的区别，使人无法接受。任何矛盾的转化都要有适合转化的条件，离开适合的条件就谈不上转化。

开普勒创造的这种求面积的无限分割法尽管存在着问题，但是它对后世的数学家有很大的启迪，他们站在开普勒的肩膀上，在研究“直”“曲”转化的道路上继续攀登。

02

趣味几何

奇怪的赛程

黄蚂蚁和黑蚂蚁都认为自己跑得快。

黄蚂蚁说："我腿长，步子大，一步顶你两步，我跑得一定比你快！"

黑蚂蚁不甘示弱地说："我虽然腿短，但是步子迈得快，你刚迈出一步，我三步都迈出去了，我跑得肯定比你快！"

两只蚂蚁争论半天，谁也不服气，只好实地比试一下了。刚好一位小朋友在地上画了三个半圆。

黄蚂蚁指着半圆说："沿着这个大半圆可以从甲跑到乙，沿着这两个小半圆也可以从甲跑到乙。两条道路你挑吧。"黑蚂蚁挑选了两个小半圆连接成的道路。

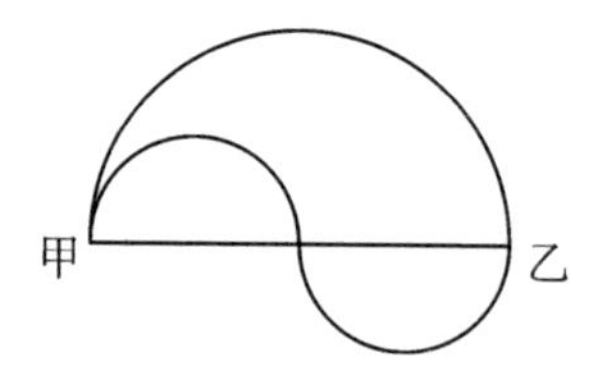

两只蚂蚁在甲处站好，一声令下，各自沿着自己选择的道路飞快地跑着。一只腿长步大，一只步小轻快。说也奇怪，两只蚂蚁不先不后同时到达了乙处。

黑蚂蚁一边喘气一边说："不对，你走的这条道一定比我的近。你想呀，你走的是一个半圆，我走的是两个半圆，我比你多走一个半圆哪！"

黄蚂蚁跺着脚说："你胡说！你走的半圆多小啊，我走的半圆有多大。我走的这条路一定比你的长。"两只蚂蚁又你一句我一句争了起来。

最后，两只蚂蚁决定再赛一次。这次道路互相换一下，从乙再跑回到甲。一声令下，黄蚂蚁沿着两个小半圆，而黑蚂蚁则沿着大半圆跑了起来。结果怎么样？两只蚂蚁又是同时到达了甲处。

黄蚂蚁和黑蚂蚁互相看了一眼，尽管谁也不服气，可是谁也说不出什么来。

这两条道路哪条长呢？其实是一样长。可以算一下：设外面大半圆的半径为 R，那么里面两个小半圆的半径各为$\frac{R}{2}$。

大半圆周长 = πR，

两个小半圆周长之和 = $\pi\frac{R}{2}+\pi\frac{R}{2}=\pi R$。确实是一样长，两只蚂蚁跑得一样快。

那么，如果把两个小半圆改成三个小半圆（如图1）、四个小半圆（如图2）……一百个小半圆，大半圆的周长和这些小半圆周长之和仍然相等吗？回答是肯定的。从计算圆周长的公式上很容易看到这个结论，不信你就动手算算。

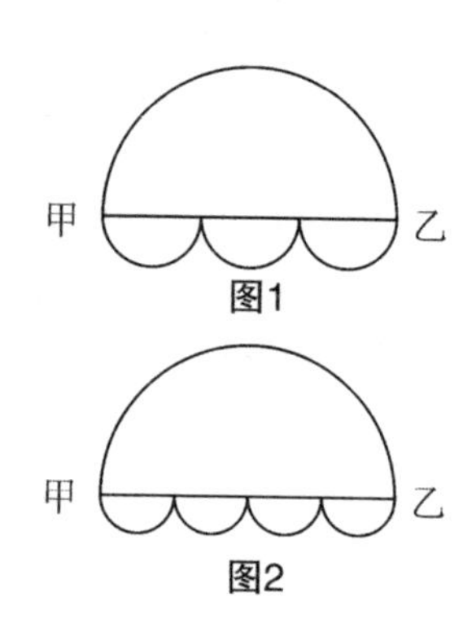

图1
图2

买西瓜还要算体积

小毅跟爷爷去买西瓜。在一个西瓜摊前，售货员说，买一个大西瓜要两元，买三个小的也是

两元。

爷爷问小毅：“你说买一个大的好呢，还是买三个小的好呢？”

“我先量量它们的直径再说。”小毅掏出尺子量了一下说，“大西瓜直径8寸，三个小一点的西瓜的直径都是5寸，我说买这三个小西瓜合算。”

“为什么？”

小毅用手摸了摸脑袋说：“大西瓜直径比小西瓜直径长不了多少，可小西瓜多呀。”

爷爷笑着说：“光看个数多不行，你用球体积公式算算看。”

“好吧。”小毅开始心算，“球体积为$\frac{4}{3}\pi R^3$，或

$\frac{1}{6}\pi D^3$。R是半径，D是直径。怎么算省事呀？”

爷爷说：“你求它们体积的比，可以省去用$\frac{1}{6}$和π乘了。”

“对！”小毅边算边说，“大西瓜体积比上三个小西瓜体积之和是（8×8×8）:3×（5×5×5）=512:375。哎呀！买这三个小西瓜吃亏多了！”

售货员说：“我再给你一个小西瓜，一共四个怎么样？”

小毅说：“四个？512:4×（5×5×5）=512:500，嗯，这还差不多。”

爷爷说：“还应该买大的。”

小毅说：“这回大的和四个小的体积差不了多少了！”

爷爷摇摇头说：“我不是指体积。”

“不指体积，又是指什么？”小毅捉摸不透。

根据球的表面积公式πD^2，可知四个小西瓜合在一起的瓜皮，几乎比大西瓜的瓜皮多一倍。因此买大西瓜合算。

聪明的园丁

在公园里有一块草坪，形状像个面包圈。边界线是两个同心圆。两名中学生想算出这块草坪面积有多大。

一名中学生说:“如果能测出大圆和小圆的半径，就能算出大小圆的面积，面积之差就是草坪的面积。”

另一名中学生说:“对，我到草坪中心，量出大小圆的半径。”

他刚想跨进草坪，就听有人喊一声:“站住!”原来是园丁来了。

园丁说:“这新草刚冒绿可不能踩呀! 你们想知道草坪的面积有多大吗? 我来给你们量。”

园丁拿来一根竹竿，使竹竿尽可能多地放在草坪里，量出在草坪里的一段长度为6米。

园丁马上说出草坪面积为28.26平方米。

园丁虽然没有说是怎样算的，可是，两名中学生很快就找到了窍门儿：

当竹竿尽可能多地被放在草坪里时，竹竿应该是小圆的切线。

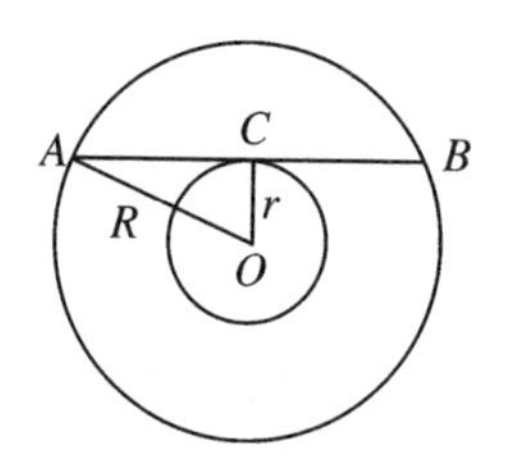

设大圆的半径为 R，小圆的半径为 r（如上图），那么，R、r 和 AC（竹竿的一半）构成一个直角三角形。由勾股定理可得

$$r=\sqrt{R^2-3^2}.$$

草坪面积等于大圆面积和小圆面积之差，所以有

$$\pi R^2-\pi r^2$$

$$=\pi R^2-\pi(\sqrt{R^2-3^2})^2$$

$$=9\pi$$

$=9\times 3.14=28.26$（平方米）

两名中学生称赞说："真是个聪明的园丁！"

小壁虎学本领

小壁虎亨亨长大了。它已经能够跟着壁虎妈妈在窗户上、墙壁上捕捉小虫子吃。

有一天，小壁虎对妈妈说："原来捉虫子就这么简单呀！"

"简单？你说说怎么捕捉小虫子？"壁虎妈妈说完看了小壁虎一眼。

小壁虎说："当你发现小虫子时，要一动不动地趴在那里，眼睛死死盯住它。趁它不防备的时候，慢慢接近它，然后以最快的速度，一口把小虫子咬住，就完事了。"

壁虎妈妈说："我们捉小虫子主要靠快，靠突然袭击！没等虫子反应过来，它已经成了我们的口中食了。"说着，壁虎妈妈瞧了瞧亨亨。"怎样才能快呢？这就要会选择最短的路径。爬行速度快，要靠平时多练习；但是如何选择最短路径，这需要懂得一些数学知识才行。”

“妈妈，那您就教给我一些数学知识吧！”

“我知道的数学知识也不太多。平时我总是在墙壁、窗户这些平面上捉小虫子，只知道在平面上，两点之间直线距离最短。所以，我捉虫子时总是走直线。对于复杂一点的地形，应该走什么样的路径最短，我就不知道了。”说到这儿壁虎妈妈想了一下又说，“小亨亨，你已经长大了，应该到各处走走。向那些懂得数学的叔叔、阿姨学习学习，多学些本领。”

小壁虎恋恋不舍地告别了妈妈，独自向远方爬去。

路边有一节大水泥管，开口向上立在那里。小壁虎好奇地爬上水泥管的上口，扒着边儿往里瞧。突然，它发现在管子的内壁上落着一只苍蝇。苍蝇正在那里悠闲地梳洗着自己的翅膀。而在苍蝇对

面，位置稍微靠下一点的内壁上，正一动不动地趴着一只大壁虎。

说时迟，那时快。只见大壁虎蹑手蹑脚地沿着内壁爬到苍蝇身旁，没等苍蝇把梳洗的翅膀放下来，大壁虎已经把它吞进嘴里。

“好！”小壁虎不由地喊了一声。大壁虎见是小壁虎亨亨在叫好，就得意地爬了过来。

小壁虎很有礼貌地问：“叔叔，您刚才爬行的路径是不是最短的路径呀？”

大壁虎说："是呀！"

小壁虎又问："我知道在平面上两点间的最短路径是直线，可是圆柱面上两点间最短路径又是什么呢？"

"是通过两点的螺旋线。我给你讲讲，跟我来。"大壁虎带着小壁虎爬下水泥管，找到一张长方形的纸。在纸上画了两点，通过两点又画了一条直线。（如下图）

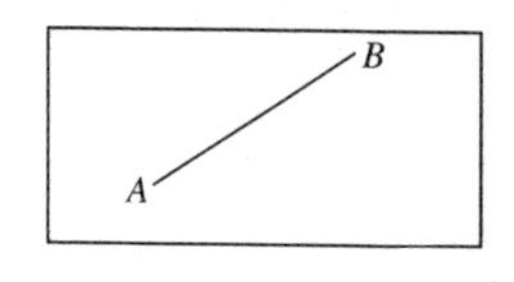

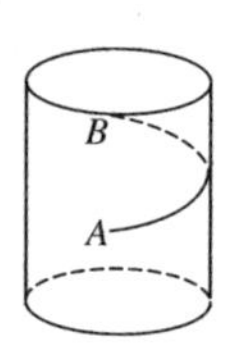

大壁虎说："你已经知道平面上两点的最短路径，是通过这两点的直线。如果把这张纸卷成一个圆柱形的筒，这平面上的直线在圆柱面上就成了螺旋线了。圆柱面上的螺旋线就相当于平面上的直线，因此，它是两点之间最短的路径。"

小亨亨高兴地摇了摇尾巴说："原来是这么回事。"

大壁虎又说："不过，还有两点要注意：当苍蝇

和你在同一条竖直线上时，还是沿直线路径最短；当苍蝇和你在同一条水平线上时，以通过这两点的圆弧，路径最短。”（如下图）

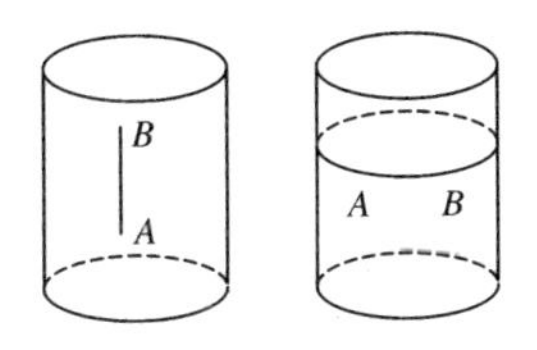

告别了大壁虎，亨亨又往前爬去。前面有一幢 L 形的楼房，两面砖墙互成直角，一面墙上有一只大飞蛾趴在那里；另一面墙上有一只老壁虎，在那里盯着飞蛾。不一会儿，只见老壁虎从一面墙爬到另一面墙上，张口咬住了飞蛾。

等老壁虎把飞蛾完全吞进了嘴里，小壁虎赶上前去问：“老爷爷，请问您刚才爬行的是最短路径吗？”

可能是飞蛾还没有完全咽下去，老壁虎没说话，只是点了点头。过了一会儿，老壁虎伸了伸脖子，咳嗽了一声说：“你想知道我走的最短路径呀？那我告诉你一个‘等角原理’吧。”

“什么是‘等角原理’？”

“两面墙相交的墙缝是一条直线吧。 从一面墙爬到另一面墙上，只要能保证你的爬行线与墙缝所成的两个夹角相等，那么你爬行的路径必定是最短的。”（如下图）

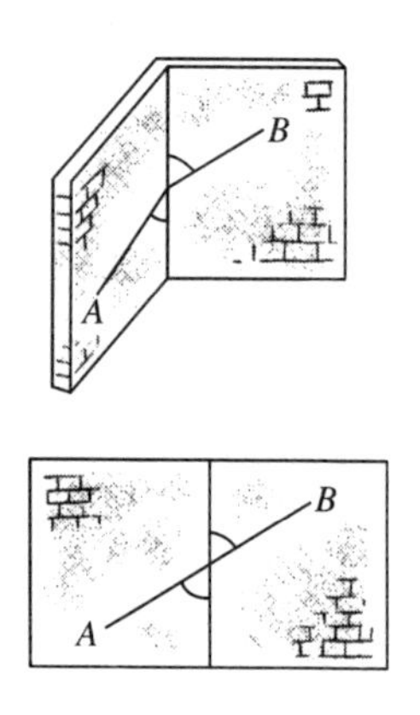

“那是为什么呢？”

“你这孩子真爱刨根问底。”说着，老壁虎领着它爬下了墙，找到一张长方形的纸。

老壁虎在纸中间竖着画一条线说：“这就是那条墙缝。”它又在直线的两旁各画了一点说：“我在这儿，飞蛾在这儿。 平面上的两点之间直线最短。你把这两点连上。 看，这条连线与墙缝间的两个夹角叫对顶角，它们总是相等的。 沿这条直线把纸折

成直角，就成了两面墙。你只要按着‘等角原理’去爬行，保证你所走的路径是最短的。”

“谢谢您了，老爷爷。”小壁虎高兴地爬走了。

杀百牛祭天神

1955 年希腊发行了一张邮票，图案是由三个棋盘排列而成。这张邮票是为了纪念两千多年前古希腊数学家毕达哥拉斯发现勾股定理而发行的。邮票中下面的正方形分成了 25 个小正方形，上面两个正方形，一个分成 16 个小正方形，另一个分成 9 个小正方形。每个小正方形面积都相等。$9+16=25$，说明上面两个正方形的面积和等于下面大正方形的面积。从另一个角度来看，这三个正方形的边围成了一个直角三角形，该直角三角形三边长分别是 3，4，5。由 $3^2=9$，$4^2=16$，$5^2=25$ 可知，这个直角三角形两直角边平方和等于斜边平方，这就是著名的勾股定理。（如下图）

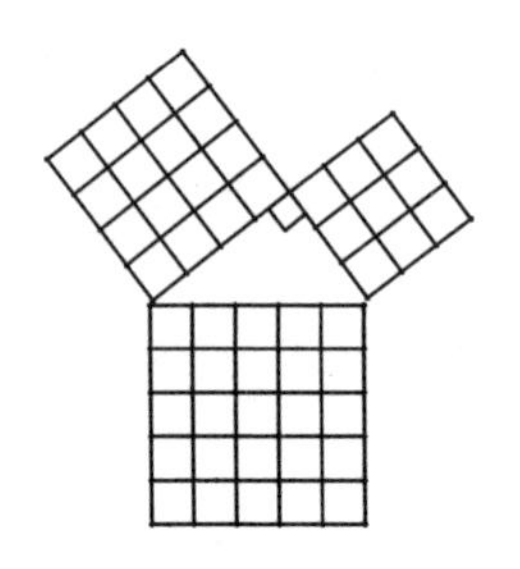

传说，有一次毕达哥拉斯去朋友家做客，客人们高谈阔论，又吃又喝，唯独毕达哥拉斯独自一个人望着方砖地发愣。他用棍子在地上勾出一个图形，中间有一个直角三角形 ABC。在直角三角形 ABC 的每条边上，都有一个正方形。BC^2 等于正方形 $BCDE$ 的面积，正方形 $BCDE$ 是由两黑两白四个三角形组成的。AB^2 等于正方形 $ABFG$ 的面积，它由两个黑色三角形组成。同样 AC^2 等于正方形 $ACHM$ 的面积，它也由两个黑色三角形组成。由于白三角形和黑三角形面积相等，因此有：

$DEBC$ 的面积=$ABFG$ 的面积+$ACHM$ 的面积

也就是 $AB^2+AC^2=BC^2$.（如下图）

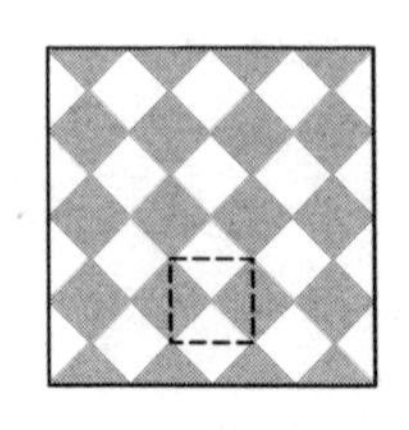

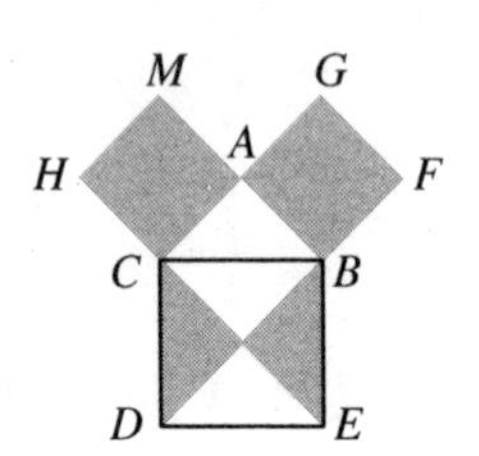

方砖地的启示使毕达哥拉斯得到了勾股定理。毕达哥拉斯认为这个定理太重要了，他所以能发现这个重要定理，一定是“神”给予了启示，于是他下令杀一百头牛祭祀天神，起名为“百牛定理”，也叫作“毕达哥拉斯定理”。

其实，这个定理不独是毕达哥拉斯发现的，下面介绍两千多年前我国周代人测日高的方法，你会发现是我国最早使用了勾股定理。

由于受科学水平的限制，周代人还不知道地球是圆的，认为地面就是一个大平面。他们于农历夏

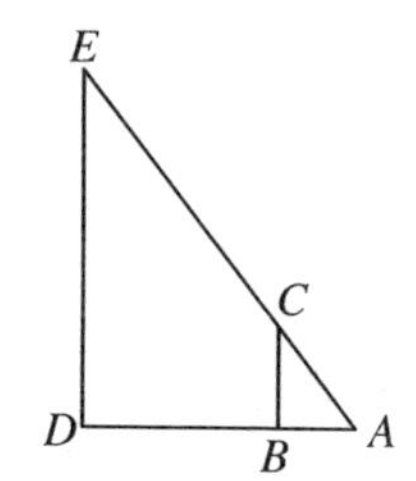

至时在地面上立一根 8 尺长的标杆，测量出标杆的影子长度为 6 尺。又假设把标杆每向南移动一千里，日影就要缩短一寸。由于标杆的影长为 6 尺，如果我们把标杆连续向南移动 60 个一千里（1 里 = 500 米），即 6 万里的话，标杆的影长就缩短为零了，这时标杆就跑到了太阳的正下方。（如上图）

由$\triangle ADE \backsim \triangle ABC$，得：

$$\frac{DE}{BC}=\frac{AD}{AB},$$

$$DE=\frac{BC\times AD}{AB}=\frac{8\times 6}{6}=8(\text{万里}).$$

这样就求出了太阳的高度为 8 万里。

以上求法最早见于我国的《周髀算经》，该书记载了两千多年前我国在数学和天文学方面的许多重要成就，内容十分丰富。书中除了求出了太阳距地面的垂直高度为 8 万里，还进一步求出了太阳到 A 点的距离 AE：

$$AE=\sqrt{ED^2+AD^2}$$

$$=\sqrt{8^2+6^2}=10(\text{万里}).$$

就是说太阳到测量地点的距离为10万里。

《周髀算经》中把太阳高度 ED 叫作“股”，把 AD 叫作“勾”，斜边 AE 叫作“弦”，得到关系式

勾^2+股^2=弦^2,

也就是 $AE^2=ED^2+DA^2$

这就是著名的“勾股定理”。勾股定理给出了直角三角形三条边的确定关系。勾股定理的发现是我们的祖先对数学的一大贡献。

日高八万里对不对呢？不对。现代测得太阳光大约需要8分钟才能到达地球。光每秒钟走30万千米，8分钟是480秒，由此可算得太阳到地球的距离大约等于30×480=14400(万千米)，即1.44亿千米①。8万里合4万千米，与1.44亿千米相差太大了。周代人错在哪里呢？第一，“假设标杆向南

① 地球绕太阳的轨道是个椭圆，所以日地距离时刻在变化着。最新测得并规定日地距离为149597870千米。

移动一千里，日影缩短一寸”是错误的；第二，大地是个球面，但看成了平面，这也是错误的。但是他们所使用的数学原理却是完全正确的。

“勾股定理”用语言叙述是：“在一个直角三角形中，两直角边的平方和等于斜边的平方。”或说成“勾方加股方等于弦方”。勾股定理的逆定理也是对的，即“在一个三角形中，如果有两条边的平方和等于第三边的平方，那么第三边所对的角必定是直角”。这个逆定理也早就被古埃及人发现了，他们利用这个定理来做直角。方法是取三边分别为3，4，5(长度单位不限)构成一个三角形，长边所对的角就是直角。(如上图)

古埃及定直角的方法至今还在许多地方使用着。比如盖房子时先要定好地基，地基多是长方形的。怎样检查地基所画出的长方形每个角都是直角呢？在长方形的各个顶点插上木棍，圈上绳子。另取一段绳子 EF，组成一个三角形 AEF（如下

图),测量 AE,AF,EF 的长度,计算它们是否符合

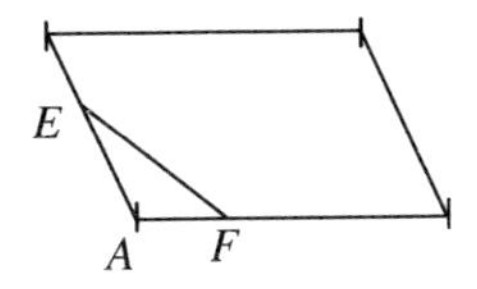

$EF^2=AE^2+AF^2$.

如果符合,则$\angle A$ 是直角;如果不符合,则$\angle A$ 不是直角,还需要调整。

是不是只有 3,4,5 才能满足勾股定理呢? 显然不是,比如 5,12,13 也满足勾股定理,算一算:$5^2=25$,$12^2=144$,$13^2=169$.

$\because$ $25+144=169$,

$\therefore$ $5^2+12^2=13^2$.

人们把满足 $a^2+b^2=c^2$ 的一组数 a,b,c 叫作"勾股数"。

漫谈勾股数

"勾三股四弦五",这是大家都很熟悉的。 它的意思是说:在直角三角形中,如果两条直角边分别是 3 和 4 个单位长，那么斜边必定是 5 个单位长。

有人以为“勾三股四弦五”是“勾股定理”的表述，这是不确切的。勾股定理的内容是：在直角三角形中，勾方加股方等于弦方。这和“勾三股四弦五”不完全是一回事。还应该提到的是勾股定理的逆定理：设三角形的三边为 a，b，c，若 $a^2+b^2=c^2$，则此三角形为直角三角形，c 所对的角为直角。下面要用到它。

$3^2+4^2=5^2$，说明“勾三股四弦五”符合勾股定理。用任一个 m^2（m 为正数）去乘上式，得：

$3^2m^2+4^2m^2=5^2m^2$，

$(3m)^2+(4m)^2=(5m)^2$.

这里的 $3m$，$4m$，$5m$ 可以是直角三角形的三条边，而 m 可以取任意正数值。

比如取 $m=7$，此时 $3m=21$，$4m=28$，$5m=35$。21，28，35 就是某个直角三角形的三条边长。

再比如取 $m=\sqrt{2}$，那么 $3\sqrt{2}$，$4\sqrt{2}$，$5\sqrt{2}$ 也是某

个直角三角形的三条边长。

由于 m 可以取无穷多个数，因此，可以求出无穷多个直角三角形的三条边长。这无穷多个直角三角形有没有内在联系呢？

有！由于这些直角三角形的对应边都成比例，比如$\frac{21}{3\sqrt{2}}=\frac{28}{4\sqrt{2}}=\frac{35}{5\sqrt{2}}=\frac{7}{\sqrt{2}}$。如果把它们重叠在一起，可以使它们的对应边相互平行，变成一个套一个的“直角三角形套”。（如下图）

尽管这些直角三角形的绝大部分的边长，从数字看不再是3，4，5，但是它们仍然符合“勾三股四弦五”。这是为什么呢？原来“单位长”可以由人们任意确定。比如在21，28，35中，取单位长等于7，这时21就是3个单位长，28和35就分别是4个和5个单位长。这样一来，21，28，35不又变成“勾三股四弦五”了吗？

单位长应该是1，怎么可以取7作单位长呢？这不奇怪。1米是单位长吧，1米=3市尺，那么3市尺算不算单位长呢？当然3尺也可以作为单位长。既然如此，取7作为1个单位长也是完全可以的。换句话说，凡是边长可以写成$3m$，$4m$，$5m$的直角三角形的三条边，都可以说成是“勾三股四弦五”。

但是，问题不能局限在这儿。

$5^2+12^2=13^2$。这说明5，12，13也可以作为某个直角三角形的三条边。而$\frac{5}{3}\neq\frac{12}{4}\neq\frac{13}{5}$。这是怎么回事呢？原来5，12，13符合勾股定理，却不符合“勾三股四弦五”。请看图，把边长为3，4，5和边长为5，12，13的两个直角三角形叠放在一起，让它们的两条直角边重合，它们的斜边就不平行了。这说明“勾三股四弦五”只刻画了一类直角三角形边的特点，并没有反映所有直角三角形边的特点。

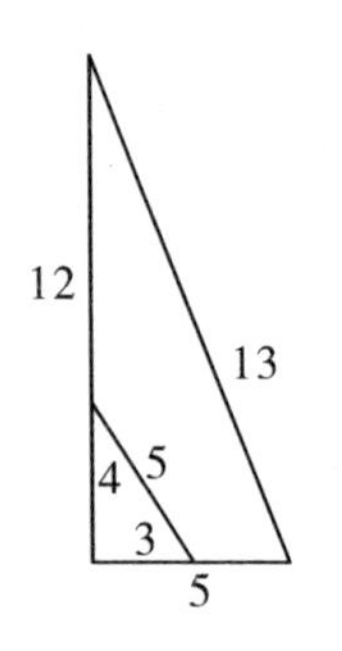

一般直角三角形的三边从数值上看，应该有哪些特点呢？

数学上把满足 $a^2+b^2=c^2$ 的整数 a，b，c 叫作勾股数。 它们的公式是：

$a=m^2-n^2$，$b=2mn$，$c=m^2+n^2$.

其中 m，n 是任意整数。

一花引得万花开

前面我们提到过，希腊政府为了纪念伟大的毕达哥拉斯，曾于 1955 年发行了一张邮票。 邮票上是一个直角三角形，以及以它的各边为边向外作的三个正方形。 这个图形最能直观地说明勾股定理的内容：

$a^2+b^2=c^2$.

这里的 a^2、b^2、c^2 实际上是指三个正方形的面积。 因此，这个等式可以看作三个正方形的面积关系。（如下图）

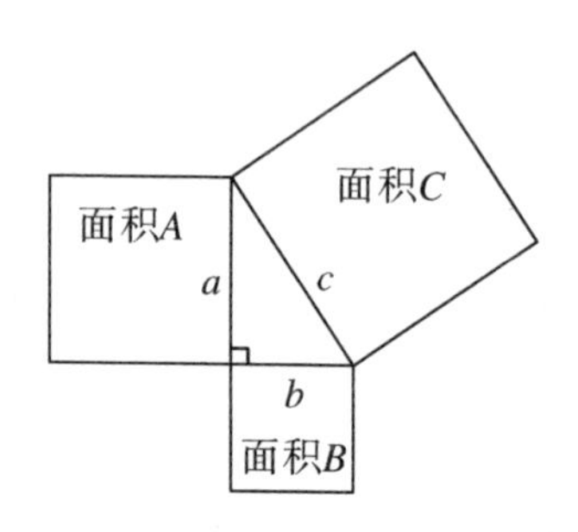

其实，在直角三角形的三条边上作其他图形，只要这三个图形彼此相似，它们就有勾股定理所指出的那种面积关系。因为任何两个图形相似，则它们的面积比等于对应边的平方比。

以直角三角形的三边 a，b，c 为边，向外作三个等边三角形。由于所有的等边三角形都相似，所以等边三角形面积之比等于它们对应边平方之比（如右图），即

$$\frac{面积A}{面积C}=\frac{a^2}{c^2},\ \frac{面积B}{面积C}=\frac{b^2}{c^2}.$$

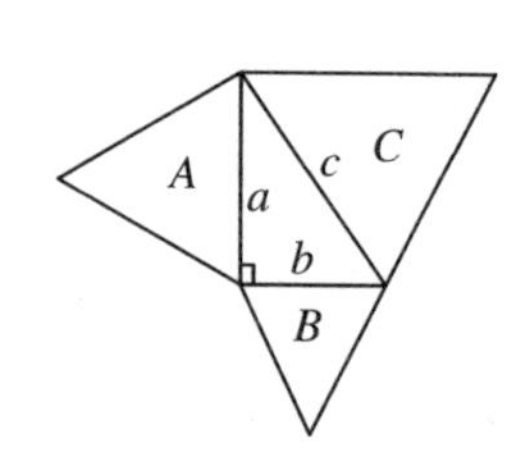

$$\frac{面积A}{面积C}+\frac{面积B}{面积C}=\frac{a^2}{c^2}+\frac{b^2}{c^2}=\frac{a^2+b^2}{c^2}.$$

$\because a^2+b^2=c^2$，

∴面积 A+面积 B=面积 C.

这就是说，一个直角三角形斜边上的等边三角形的面积，等于另外两条直角边上的等边三角形的面积和。

类似的方法可以证明以下图形中，都具有关系式：

面积 A+面积 B=面积 C。

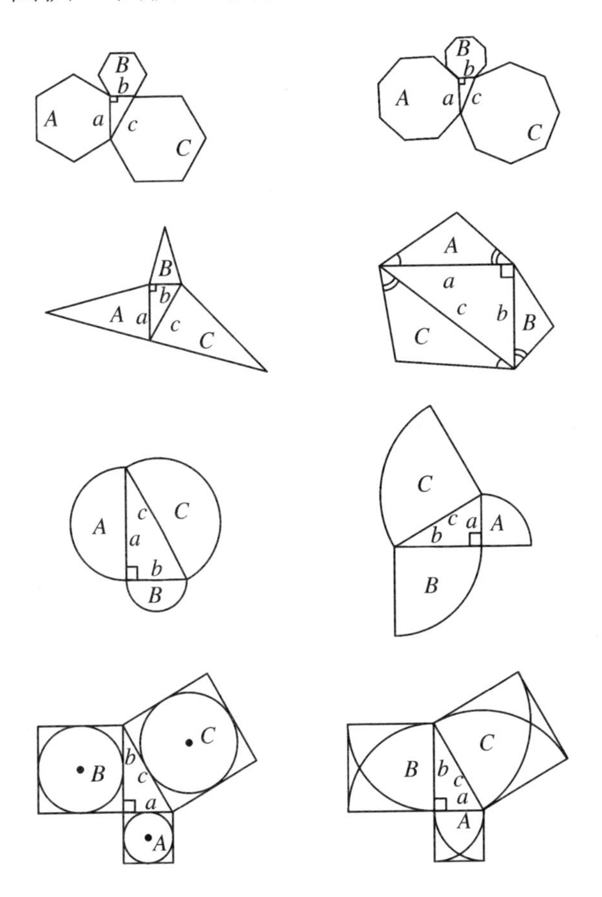

从抄近道说起

从甲到乙有两条道路：一条要拐弯，一条是直道。当然谁都愿意走直道，这样走近些，俗称“抄近道”。（如下图）抄近道这件事告诉我们一个道理：三角形两边之和大于第三边。

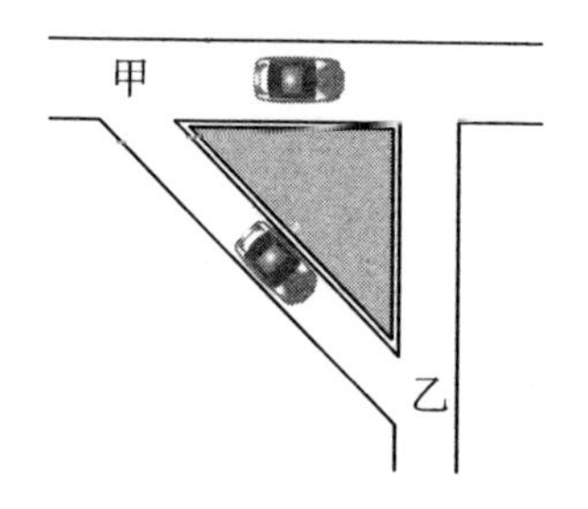

日常生活中能见到的三角形可多了，自行车架子上有三角形，房架上有三角形，电线杆上有三角形，就连三条腿的小圆凳上也有三角形。

为什么要把房顶修成三角形呢？一个原因是让降落在房顶上的雨水能及时流下来，保护房顶不被雨水浸坏；另一个更主要的原因是三角形的房顶牢固。

不信，可以动手做个试验。

找 3 根木棍做一个三角形，再找 4 根木棍做一个四边形。注意两根木棍的相接处不要钉死，让它可以活动。做好之后，用手指分别推一下这两个模型。你会发现，尽管木棍相接处可以活动，但是三角形纹丝不动，而四边形却歪到一边去了。（如下图）

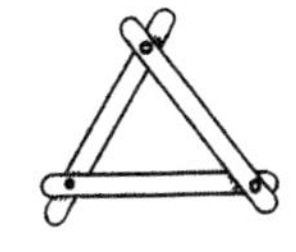
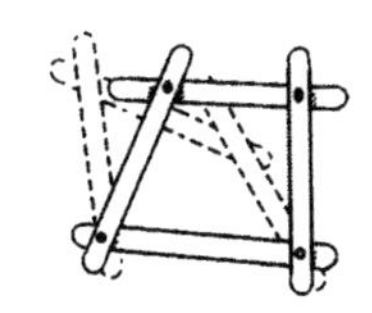

这个试验说明什么呢？

说明三角形的结构比四边形要稳定、牢靠。数学上把三角形的这个性质叫“三角形的稳定性”。可别小看三角形的稳定性，它还救过不少人的生命呢！

1976 年我国唐山发生了强烈地震，房屋破坏十分严重。事后调查，破坏最轻的，就是有三角形房顶的木结构房子。

三角形由三条边和三个角构成。用 3 根木棍，头接头地接在一起，组成一个三角形。不管你用什么方式去接，接出来的三角形的大小和形状总是一模一样的。这说明知道了三角形的三条边，三角形的大小和形状就完全确定了。但是，知道了三角形的三个角，三角形的形状虽然不变，它的大小却不一样。（如下图）前者两个三角形的形状和大小都相同叫作"全等三角形"；后者两个三角形只是形状相同但大小不一样，叫作"相似三角形"。

每个三角形都有三条中线、三条角平分线和三条高线。（如下图）

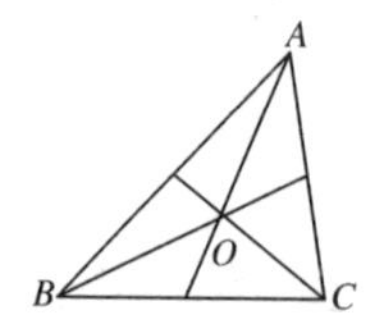

三角形的中线是三角形一个顶点和对边中点的连线，三条中线交于一点叫作"三角形的重心"。为什么叫重心呢？

找一块质地均匀的木板做一个三角形。画出它的三条中线，求出它的重心 O。如果你用手指顶住重心 O 点，把三角形木板放平，这时三角形木板就会在水平方向上平衡，好像三角形木板的全部重量都集中在 O 点似的。因此，把 O 点叫作三角形的重心。

物体的重心很重要。解放军在训练时，能快速通过独木桥，体操运动员在窄窄的平衡木上做各种复杂的动作，就是因为他们能很好地掌握自己的重心。意大利有座比萨斜塔，由于伽利略在塔上做过落体实验而闻名于世。比萨斜塔从 1174 年开始建筑，到 1350 年建成。由于地基没打好，从建成那天起，55 米高的塔身就开始向南倾斜，以后倾斜得越来越厉害。虽然如此，经过了六百多年，它至今没倒。什么原因呢？是塔的重心向地面所引的垂线（重心作用线）没有离开塔基之故。从 1918 年开始，科学家年年对塔进行测量，发现重心作用线每年向外移动 1 毫米，如果不设法抢救，一旦重心作用线离开了塔基，塔就要倒塌了。

谈了三角形，该讲讲四边形了。

你一定擦过玻璃窗。一个正方形的窗户在地面上的影子还是正方形吗？不，它常常是个平行四边形。

正方形有哪些主要性质呢？正方形各边相等，对边平行，各角都等于90°，对角线互相平分。

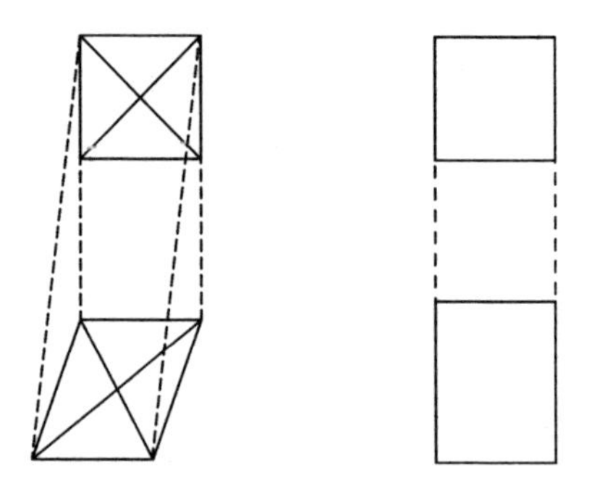

在正方形的影子平行四边形中，正方形的哪些性质被保留下来，哪些性质变了？我们发现相邻两边不一样长了，四个角不等于90°了，但是对边仍然平行。这就是说，在太阳光下，图形的平行性不变。（如上图）

在窗户上拉两根线，作为正方形的对角线。正方形的对角线是相互平分的。正方形对角线的影子

恰好是平行四边形的对角线，而平行四边形的对角线也是相互平分的。在正方形边上距底边$\frac{1}{3}$的地方做一个记号，再测一下它的影子，会发现记号的影子也恰好在$\frac{1}{3}$的地方。这说明在太阳光照射下，分割线段的比保持不变。

正方形的窗户在阳光下会不会得到长方形的影子呢？可以。只要角度合适，就可以得到长方形的影子。

正方形的窗户在阳光下能得到梯形的影子吗？不能，因为梯形的两腰不平行了。

太阳距地球很远，可以把太阳光近似看成平行光线。因此，在平行光线照射下，正方形、长方形、平行四边形是可以互相转化的，它们有着非常密切的关系。

正方形真的不会留下梯形的影子吗？也不是。如果在晚上，屋里用的是普通的圆灯泡，在屋外面看，正方形的窗户，在普通灯光下的影子就是梯形了。

太阳光的投影，数学上叫平行投影。在平行投影下，正方形、长方形、平行四边形可以看成同一类图形；灯光下的投影，数学上叫中心投影，在中心投影下，正方形和梯形也是一家人啊！

几何学的宝藏

你想画一个很漂亮的五角星吗？需要先画出一个正五边形。连结正五边形所有的对角线，就构成一颗五角星了。（如下图）

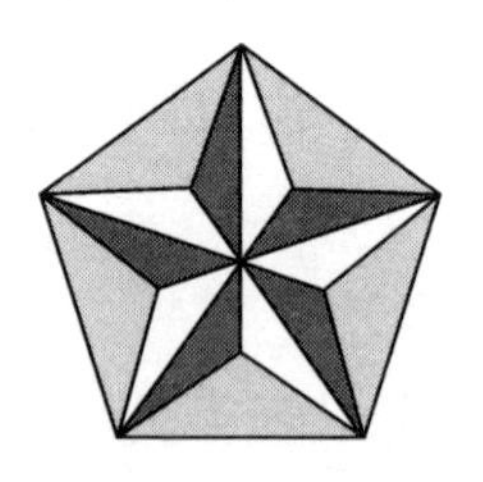

如何画正五边形呢？可按下面的方法来画：

1. 作直径 AC 垂直于直径 BD。

2. 以 OC 的中点 E 为圆心、EB 为半径画弧交 AO 于 F。

3. 以 BF 为半径，从圆周上 B 点起依次截取就可得到正五边形的五个顶点。（如下图）

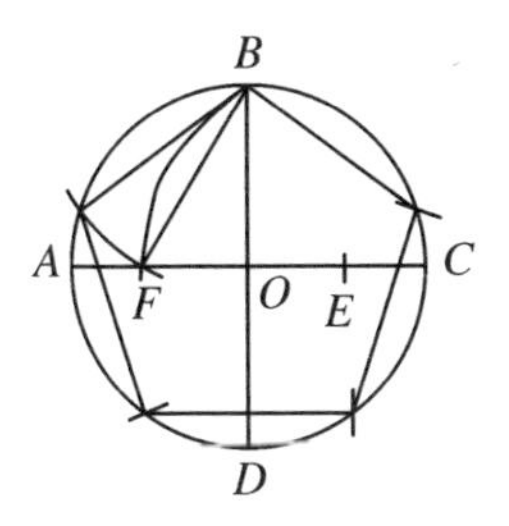

其实想作一个正五边形，有一张纸条也就够了，作法也很简单。取一张边缘平行的纸条，按图的方法打一个结，拉紧压平，注意不要起皱纹，再裁去多余的部分，剩下的就是正五边形了。（如下图）

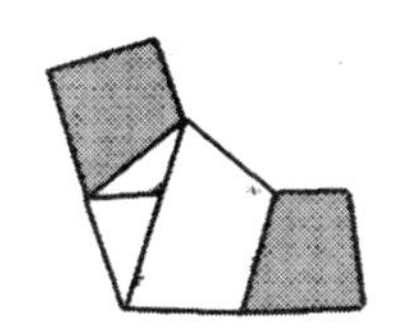
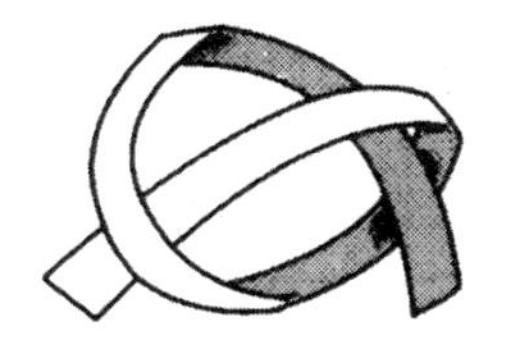

画一个正五角星（如下图），用尺子量一下 GJ 和 GK 的长度，求比值 $\frac{GK}{GJ}$。你会发现 $\frac{GK}{GJ}$ 大约等于 0.618；

记录一下从你的头顶到你的脚底的长 L，从肚

脐到脚底的长 L'，比值$\frac{L'}{L}$也大约等于 0.618；

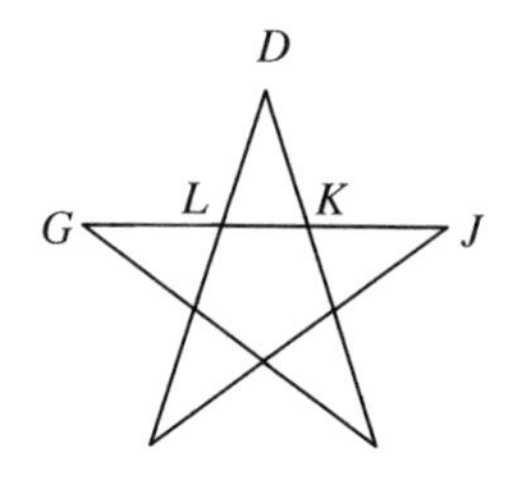

拿出课本，量一下课本的长和宽。算一下$\frac{长}{长+宽}$，结果大约也等于 0.618。

这就产生了一个问题：这三件表面上毫不相干的事情，怎么会出现相同的比值呢？难道是偶然的巧合吗？不是的。这里面牵扯到一个很重要的线段比例问题。下面先来介绍 0.618 这个数的来历。

任取一条线段 AB，我们想在线段 AB 上找一点 C，使得

A　　x　　C　　L−x　　B

L

$$\frac{AB}{AC}=\frac{AC}{CB}.$$

满足等式的 C 点可以用代数方法求得：

设 $AB=L$，$AC=x$，那么 $CB=L-x$，上述的等式就变成为

$$\frac{L}{x}=\frac{x}{L-x},$$

交叉相乘得 $L^2-Lx=x^2$，

整理得 $x^2+Lx-L^2=0$.

这是一个一元二次方程，用求根公式可得

$$x=\frac{-L+\sqrt{L^2+4L^2}}{2}$$

$$=\frac{\sqrt{5}-1}{2}L\approx 0.618L.$$

所求的 C 点位置约在线段全长的 0.618 倍处，比如说线段全长为 1 米，C 点约在 0.618 米处；如果线段全长为 0.8 米，C 点约在 $0.8\times 0.618=0.494$ 米处。

这种分割非常重要，它在数学、美术和建筑上都有着广泛的应用。比如古代希腊人就已经发现，如果一个长方形的长与宽由这种分割来组成的话，它会看上去比其他长方形更协调、更好看。古希腊一些著名建筑，它的高和长之比恰好是0.618，希腊至今还保留着一座两千多年前修建的巴台农神庙，它的高和宽的比就是0.618。古希腊称这种分割为“黄金分割”，称分割点为“黄金分割点”。把0.618称为“黄金数”。

古希腊人认为，最优美的体型应该是肚脐把身长作黄金分割。保存下来的古希腊雕塑作品充分说明了他们的观点。著名的雕塑作品“执矛者”“宙斯”以及那美与爱之神“维纳斯”，无不表现出最美的人体。

巴黎圣母院

如果一个长方形的宽与长的比值正好是黄金数，就把这个长方形叫作“黄金长方形”。黄金长方形在很长时间内曾是统治着西方世界的建筑美学标准。巴黎圣母院就是一个杰出的代表，它的整个结构也是按照黄金长方形建造的。

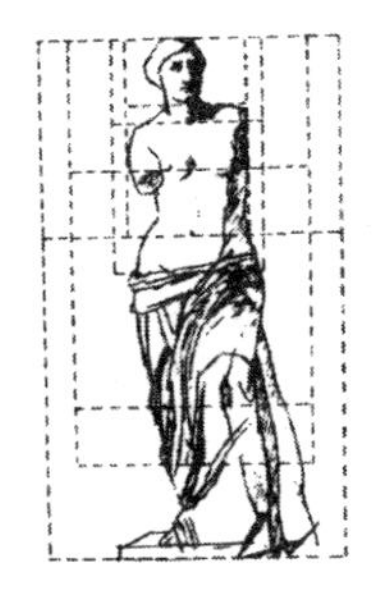

维纳斯

蒙娜丽莎

文艺复兴时期的画家也掌握着这个奇妙的比例。达·芬奇闻名于世的作品《蒙娜丽莎》就是按着黄金分割的比例来构图的。

你注意过没有，有经验的报幕员自有她的风度。一上台，她不走到台口的中央，而是站在离左边(或右边)$\frac{1}{3}$多一点的地方，使观众感到她十分大方，十分恰当，十分和谐。用数学的观点来解释，她站的位置正好是“黄金分割点”。

由于黄金分割有这么多用途，17 世纪欧洲著名科学家开普勒曾说过：“几何学有两个宝藏，一个是勾股定理，一个是黄金分割。”

前面提到五角星中的 K 点把线段 GJ 分成“黄金分割”。可以证明，五角星中心部分是一个小的正五边形，里面可以再做一个倒放着的小五角星；如果连结五角星的五个顶点可以得到一个倒放着的大五角星。（如下图）这样可以从一个五角星出发得到一个套一个的一系列大小不等的五角星。

如果一个长方形是黄金长方形，以宽为边在长方形内作一个正方形，剩下的小长方形一定与原来的长方形相似。也就是说小长方形的宽与长的比值仍然是黄金数。这样类推下去，可以得到一系列相似的长方形。（如下图）

给定一条线段 AB，如何找到黄金分割点 C 呢？可按以下方法来求：

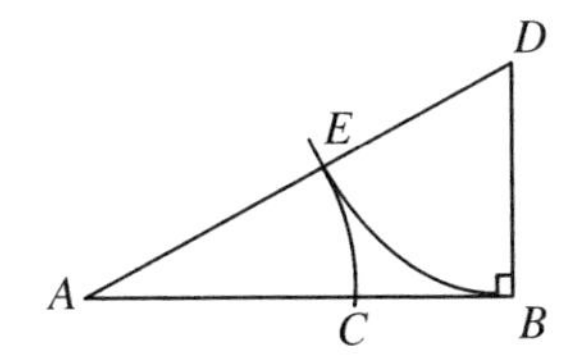

1. 过 B 作 $BD\perp AB$，截 $BD=\frac{1}{2}AB$。

2. 连结 AD，以 D 为圆心，BD 为半径画弧交 AD 于 E。

3. 以 A 为圆心、AE 为半径画弧交 AB 于 C，C 点即为所求的黄金分割点。

黄金分割是个很古老的数学问题，过去人们只是从趣味上去研究它，它渐渐被人遗忘了。 近几十年来出现一种新的数学学科——最优化方法，给黄金分割找到了一种新的实际用场。

1970 年以来，我国著名数学家华罗庚教授推广的优选法，就是最优化方法的一种。 优选法是一种多快好省的试验方法，下面举一个例子来说明。

现要配制一种农药治虫，需兑水稀释。 兑多少好呢？ 水兑多了，浓度太低，杀不死虫子；水兑少了，浪费农药，同时给农作物带来了药害。 什么比例最合适，要通过试验来确定。如果预先知道稀释倍数在 1000 至 2000 之间，这就出现一个问题，怎样才能用最少的试验次数，找出最理想的数据呢？可以把稀释倍数 1000 和 2000 看作线段 AB 的两个端点，选择 AB 的黄金分割点 C 作为第一个试验点。C 点的数值是算得出来的：$1000+(2000-1000)\times 0.618=1618$。试验结果，如果按 1618 倍稀释，水兑多了，治虫效果不理想，可以进行第二次试验。第二个试验点应该选 AC 的黄金分割点 D，D 的位置是 $1000+(1618-1000)\times 0.618\approx 1382$。如果 D 点还不理想，可以按黄金分割的方法继续试验下去。如果太浓了，可以选 DC 之间的黄金分割点；太稀了，可以选 AD 之间的黄金分割点。用这种方法，可以较快地找到合适的浓度数据。

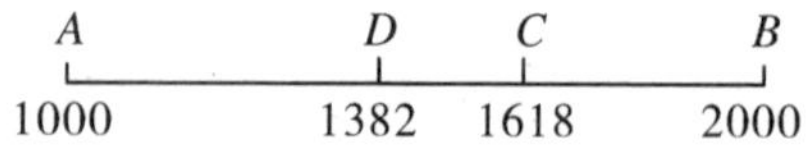

A D C B
1000 1382 1618 2000

因为这种方法每次都取黄金数 0.618，所以叫作“0.618 法”，或者叫作“黄金分割法”。

科学研究、技术革新以至日常生活，处处都离

不开科学试验。在试验的时候应用“0.618 法”安排试验方案，可以用最少的试验次数找到最佳的数据。这就节省了时间，节约了原材料。我国推广了优选法，在各行各业都取得了成效。随着电子计算机的普及，优选法越来越显示出它的优越性。“黄金分割”这棵老树，又将开出美丽的新花。

牛头角之争

《几何原本》中有个有趣的“牛头角问题”，曾引起数学家的争论。

《几何原本》第三篇命题 16 是这样叙述的：

“通过圆直径的一端垂直于直径的直线全在圆外，并且在这直线和圆周之间的空间内不能再插入另一条直线；半圆和直径夹角大于而半圆和垂线夹角小于直线间的任何锐角。”

说简单一点就是：半圆和切线的夹角小于直线间的任何锐角。

再介绍一下古希腊人所说的牛头角。如右图，圆 O 在 A 点有一条切线 AT。古希腊人把切线 AT 与弧 $\overset{\frown}{AB}$ 所夹的空间部分叫牛头角，这可能是由于它的形状像水牛的角。

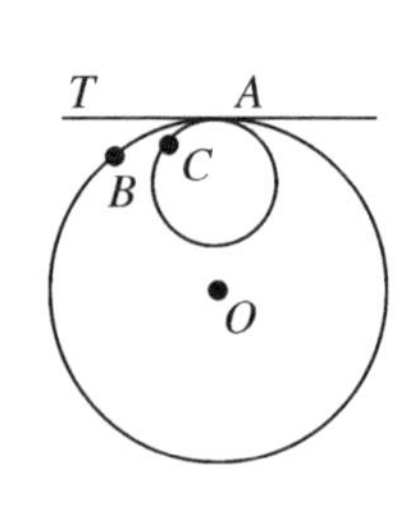

欧几里得说，牛头角小于直线间任何锐角。但是牛头角算不算真正的角？能不能进行度量呢？

后世的许多著名数学家都参加了关于牛头角的争论，如意大利的卡尔丹、伽利略，法国的韦达，英国的瓦里斯等。

对牛头角有两种不同的意见：一种意见认为牛头角的值为零，因为直线和半圆的夹角应该理解为

直线与过切点的切线的夹角，现在这条直线 AT 本身就是切线，两线重合当然夹角为零了；另一种意见认为牛头角不是恒等于零的。当圆的半径缩小的时候，牛头角显然增大。比如切线 AT 与 $\overset{\frown}{AC}$ 所夹的空间，显然比切线 AT 与 $\overset{\frown}{AB}$ 所夹的空间大，也就是说 AT 与 $\overset{\frown}{AC}$ 所夹的牛头角比 AT 与 $\overset{\frown}{AB}$ 所夹的牛头角大。如果说牛头角恒为零，两个牛头角就不应该有大小的区别，而应该完全重合，但事实却有大有小。

喜爱几何的皇帝

给了你圆规和直尺，让你把一个圆周分成四等分，这是难不倒人的。如果仅给你一个圆规让你把圆周四等分，你会分吗？

“用圆规分圆周为四等分”这个问题，据说还是法国皇帝拿破仑提出的！

拿破仑多少可以算个数学家，他对几何有极大

的兴趣。他和法国许多著名数学家交往很深。在他统治法国之前，一直忙于和数学家拉格朗日和拉普拉斯讨论数学问题。拿破仑在当法国皇帝之前是个炮兵军官，勇敢善战，在作战中数学知识帮了他的大忙，实践使他认识到数学的重要。称帝之后，他说："一个国家只有数学蓬勃发展，才能表现它的国力强大。"拉格朗日写信给拿破仑，开玩笑地说："将军，我们希望你能给我们上上几何课。"

拿破仑称赞拉格朗日说："拉格朗日是数学科学

方面的高耸的金字塔。”拿破仑曾任命拉普拉斯当内政部长，6 个月后发现他不称职，又将他免职。拿破仑还曾开玩笑地说，拉普拉斯想把数学中的“无穷小的精神”带到工作中。不久后，他就任命拉普拉斯为军队中的总工程师。

拿破仑出的题一定很难吧？这倒不一定。这个问题可以这样来解：

在已知圆心为 O 的圆周上任选一点 A。以 OA 为半径，从 A 点开始在圆周上依次截得 B、C、D 三点。再分别以 A、D 为圆心、AC 为半径画弧交于 E 点。以 OE 为半径在圆周上依次截取，就可以把圆周四等分了。（如下图）

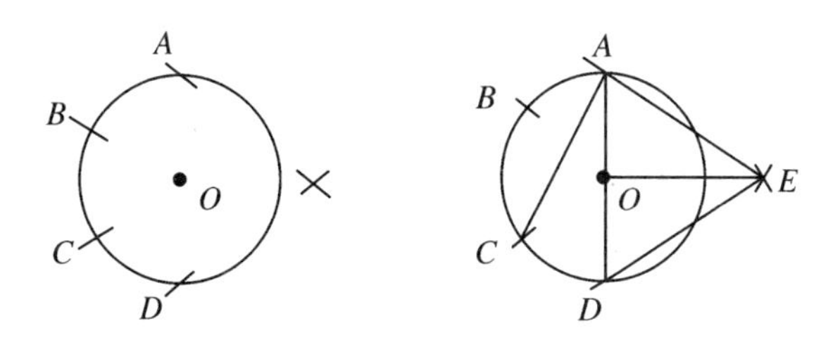

可以证明这种分法是正确的。首先分析一下，当把一个圆周四等分，连接四等分点就构成一个圆

内接正四边形。这个正四边形的边长为$\sqrt{2}R$。（如右图）

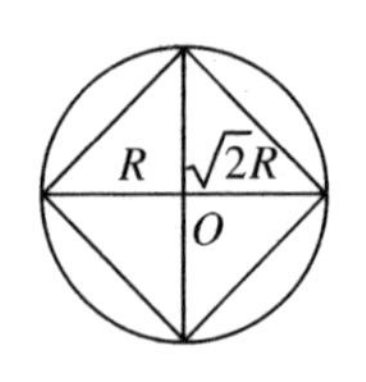

我们要把圆周用圆规四等分，就是找出仅用圆规画出$\sqrt{2}R$的方法。因此，只要能证明$OE=\sqrt{2}R$就行了。

证明：$\because AO=R$，

$\therefore \overset{\frown}{AB}$等于圆周长的$\frac{1}{6}$，

$\overset{\frown}{AC}$等于圆周长的$\frac{1}{3}$.

AC为圆内接正三角形的一边，

$AC=\sqrt{3}R$，

$\because AE=DE=\sqrt{3}R$，

$\therefore \triangle AED$为等腰三角形，OE为AD边的中垂线.

$$OE=\sqrt{AE^2-OA^2}$$

$$=\sqrt{3R^2-R^2}$$

$$=\sqrt{2}R.$$

拿破仑分圆问题实际上属于数学上的一个分支——圆规几何学。

18 世纪，意大利几何学家和诗人马斯凯罗尼有个惊人的发现：只要给定的和所求的都是点，那么用尺规作图可以作出来的，单独用圆规也能作出来。这样一来，直尺成了多余的工具。当然，直线不能用圆规绘出，但是用直尺得到的任何直线，可以通过仅用圆规求出该直线上的两个点，从而确定出直线。1797 年马斯凯罗尼出版了《圆规几何》一书。在这本书中马斯凯罗尼解决了如下问题：

在尺规作图中，从已知点寻求新点不外乎以下三种情况：

1. 求两个圆的交点。

2. 求一条直线和一个圆的交点。

3. 求两条直线的交点。

第 1 条用圆规完成自然不成问题，马斯凯罗尼证明了第 2 条和第 3 条也完全可以用圆规来完成。

当然，对于一条直线，只给出该直线上的两个点。

1928年，丹麦数学家耶姆斯莱弗的一个学生在哥本哈根的一个书店浏览时，偶然发现了一本丹麦文的旧书，书名是《欧几里得》。作者G.摩尔。该书是1672年写成的。数学家耶姆斯莱弗读过这本书后惊奇地发现，这本书中包括了马斯凯罗尼的发现，并给出了证明，也就是说无名数学家G.摩尔比马斯凯罗尼的发现早125年。

马斯凯罗尼的圆规几何学启发了法国数学家蓬斯莱，他考虑单独用直尺的作图问题。蓬斯莱发现：并不是所有的尺规作图问题都可以只用直尺作出。奇怪的是只要在作图平面上有一个圆及其圆心，所有的尺规作图都能只用直尺完成。这是蓬斯莱1822年的重要发现。后来在1833年由瑞士—德国籍的著名几何学家史坦纳给出了证明。这样另一种新的几何——“直尺几何”产生了。

古代三大几何难题

德里群岛上的灾难

相传在很久以前，古希腊的德里群岛中有一个叫杰罗西岛。有一年，这个岛上发生了一场大的瘟疫。岛上的居民到神庙去祈求阿波罗神，询问怎样才能免除这场灾难。巫师告诉大家，阿波罗神埋怨说："你们对我不虔诚，看！我脚下的祭坛多小啊！要想免除瘟疫，必须做一个体积是这个祭坛两倍的新祭坛才行。"

居民们觉得神的要求不难做到。原祭坛是立方体形状的，只要把立方体的每条边延长一倍，新立方体不就是原来立方体的两倍了吗？于是他们就按着这个方案做了一个大祭坛放在了阿波罗神的面前。谁想到，瘟疫不但没有停止，反而更加流行。

居民们又去祈求神。巫师转述道："阿波罗神

发怒了。他说:‘我要求你们做一个体积是原来祭坛体积两倍的新祭坛,可是你们却做了一个体积是原祭坛体积八倍的祭坛放在这儿,你们这不是明明抗拒我的意志吗?’”

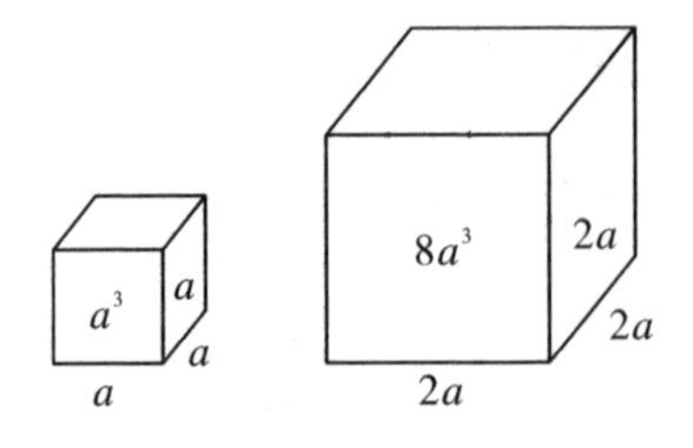

居民们一想也对呀!立方体的每条边扩大一

倍，新立方体的体积是原来体积的八倍，而不是两倍。（如上图）可是怎样做一个合乎阿波罗神要求的新立方体呢？ 大家绞尽脑汁，谁也想不出来。他们又跑去问当时最有名的数学家，数学家也毫无办法。 这个问题就作为一个几何难题流传下来了。

这个问题叫作“立方倍积问题”，意思是说，让你仅仅用圆规和无刻度的直尺这两件工具做一个立方体，使得这个立方体是已知立方体体积的两倍。

这里必须强调只许用“圆规和无刻度直尺”这个前提，否则这个问题并不难解决。 因此，把在这个前提下的几何作图问题叫作“尺规作图”问题。“立方倍积问题”就是一个尺规作图难题。

对于什么是“尺规作图法”，古代也有明确要求的：

直尺的用法是：1. 经过已知两点作一直线；2. 无限制地延长一条直线。

圆规的用法是：以任意一点为中心，任意给定长度为半径，画一个圆或画一段弧。

另外，作图时只能有限次地使用圆规和直尺。

“立方倍积问题”是著名的古代三大几何难题之一。

公主出的难题

公元前 4 世纪，托勒密一世定都亚历山大城。他凭借优越的地理环境，发展海上贸易和手工业，奖励学术。他建造了规模宏大的“艺神之宫”，作为学术研究和教学中心；他又建造了著名的亚历山大图书馆，藏书 75 万卷。托勒密一世深深懂得发展科学文化的重要意义，他邀请著名学者到亚历山大城，当时许多著名的希腊数学家都来到了这个城市。

亚历山大城郊有一座圆形的别墅，里面住着一位公主。圆形别墅中间有一条河，公主的居室正好

建在圆心处。别墅的南北围墙各开了一个门。河上建有一座桥，桥的位置和北门、南门恰好在一条直线上。（如右下图）国王每天赏赐的物品，从北门送进，先放到南门处的仓库，然后公主再派人从南门取回居室。

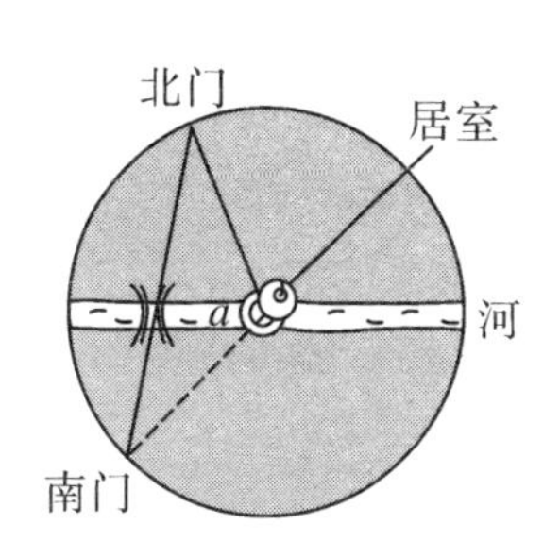

一天，公主问侍从道："从北门到我的居室，和从北门到桥，哪一段路更远？"侍从不知，赶紧去实地测

量，结果是两段路一样远。

过了几年，公主的妹妹小公主长大了，国王也要为她修建一座别墅。小公主提出她的别墅修得要像她姐姐的别墅那样，有河、有桥、有南门和北门。国王满口答应。小公主的别墅很快就动工了，当把南门建好，要确定桥和北门的位置时，却出现了一个问题：怎样才能使北门到居室、北门到桥的距离一样远呢？

要确定北门和桥的位置，关键是做出$\angle OPQ$。设OP和河的夹角是α，

由$QK=QO$，

得$\angle QKO=\angle QOK$.

但是$\angle QKO=\alpha+\angle KPO$，

又$\angle OQK=\angle OPK$，

所以在三角形QKO中，

$\angle QKO+\angle QOK+\angle OQK$

$=(\alpha+\angle KPO)+(\alpha+\angle KPO)+\angle KPO$

$=3\angle KPO+2\alpha$

$= \pi .$

即$\angle KPO = \dfrac{\pi - 2\alpha}{3}.$

只要能把 $180° - 2\alpha$ 这个角三等分，就能确定出桥和北门的位置，解决问题的关键是如何三等分一个角。

工匠们试图用尺规作图法定出桥的位置，可是他们用了很长时间也没解决。他们去求教曾在亚历山大城学习过，后回到西西里岛叙拉古城的阿基米德。

阿基米德用在直尺上做上固定标记的方法，解决三等分一角的作图，从而确定了北门的位置。正当大家称赞阿基米德了不起的时候，阿基米德却说:“这个确定北门的方法固然可行，但只是权宜之计，它是有破绽的。”阿基米德所谓的“破绽”就是在使用的直尺上做了标记，等于做了刻度，这在尺规作图中是不容许的。

这个故事中提出了一个数学问题：如何用尺规作图法三等分任意一个已知角。这就是著名的古代三大几何难题之二——“三等分角问题”。这个问题连伟大的学者阿基米德也没有能解决。

囚徒的冥想

公元前5世纪，古希腊哲学家安那萨哥拉斯因为发现太阳是个大火球，而不是阿波罗神，犯有“亵渎神灵罪”而被投入监狱。在狱中他发现了古代著名的三大几何难题之三——“化圆为方”问题。(详细故事前文有讲述。)

15世纪欧洲文艺复兴时期的著名人物，意大利的达·芬奇不仅是位著名画家，他还酷爱数学。他创造了一种化圆为方的办法：

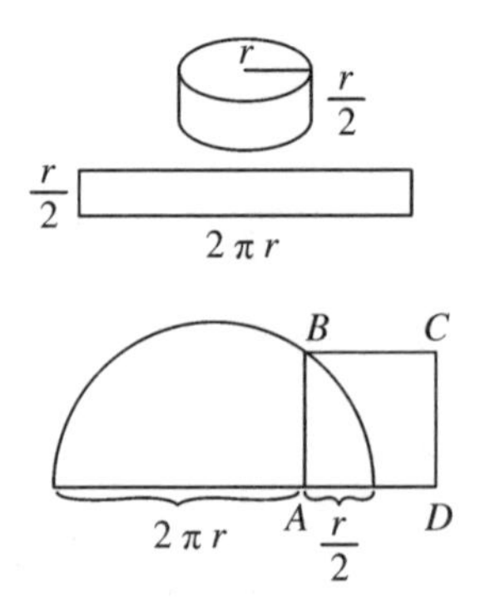

先作一个正圆柱体，让它的上下底都等于已知

圆，高等于圆半径的一半；

让正圆柱体无滑动地滚动一周，就得到一个长方形。这个长方形的长是 $2\pi r$，宽是 $\frac{r}{2}$，面积是 πr^2；

以 $2\pi r+\frac{r}{2}$ 为直径画半圆(如上图)，再以 AB 为边作正方形 $ABCD$，因为 $AB^2=2\pi r\cdot\frac{r}{2}=\pi r^2$，也就是说正方形 $ABCD$ 的面积等于已知圆面积 πr^2。

达·芬奇并没有真正解决“化圆为方问题”，因为他用的不全是尺规作图。让正圆柱体滚动在尺规作图中是不允许的。

几何中的不变量

在初等几何中，面积就是不变量。古代数学家在证明有关面积的问题时，常使用“割补法”。所谓割补法，就是把一个平面图形切开成几部分，然后重新组合。但是不管你怎样组合，平面图形的面积总是固定不变的。

在我国一本古书上记载着一种证明勾股定理的方法。证法很简单：两个并排在一起的正方形(如下图)，大的边长为 a，小的边长为 b，它们的面积之和就是 a^2+b^2。以 AA' 为边做一个斜放着的大正方形，其面积为 c^2。我们来证明两个小正方形面积之和等于大正方形的面积。

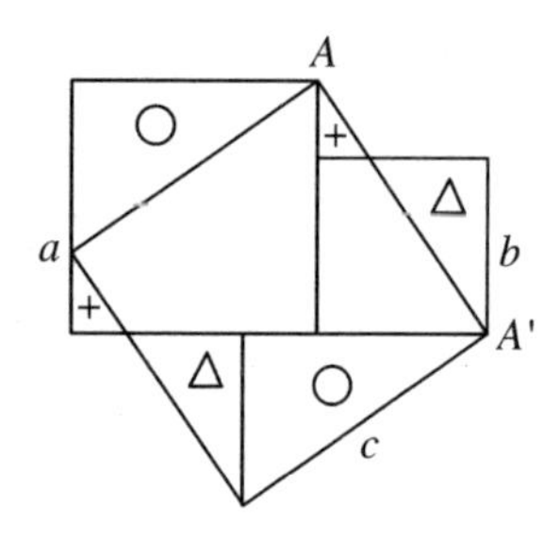

把两个小正方形中带○、△、+的三个小三角形割下来，补到大正方形中相应的○、△、+上去，你会发现恰好把大正方形填满了。这就证明了勾股定理(如下图)

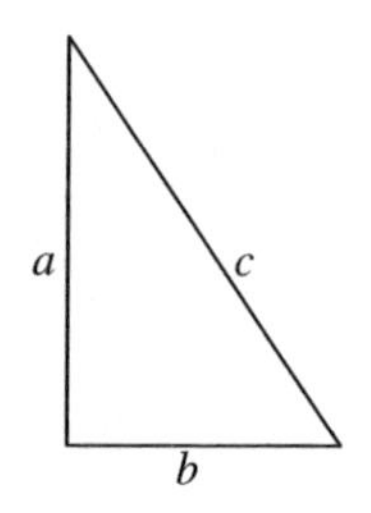

$a^2+b^2=c^2$。

这是古代典型的证明方法，它的基本前提是面积在割补时是个不变量。

下面揭露隐藏在凸多面体中的不变量：

图 1 是一个正六面体，数一下，它有 6 个面，8 个顶点，12 条棱。 把这三个数做一个简单的加减法，有

$6+8-12=2$，结果等于 2。

图 2 是把正六面体砍去一个角，而得到的新多面体。 它有 7 个面，10 个顶点，15 条棱，按着上面的算法，有

$7+10-15=2$，也等于 2。

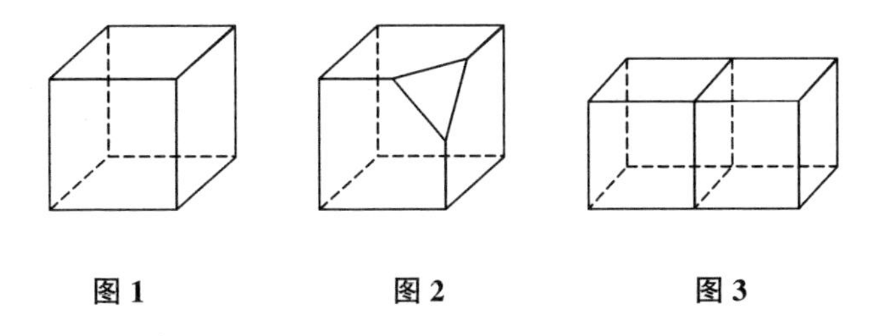

图 1　　图 2　　图 3

图 3 是两个正六面体，面对面地对接在一起。两个面消失了，原来这两个面上的 8 个顶点和 8 条

棱变为 *4* 个顶点和 *4* 条棱。 数一下这个新多面体有10 个面，12 个顶点，20 条棱。 还按上面算法算一下，有

10+12-20=2。

咦，怎么都等于 2？ 事不过三，难道这是一种规律？

正多面体只有 5 种，再看看其他 4 种正多面体(如下图)：

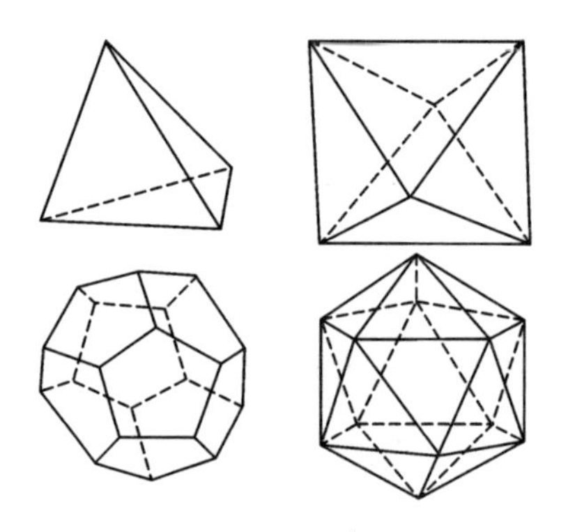

正四面体有 4 个面，4 个顶点，6 条棱，而

4+4-6=2；

正八面体有 8 个面，6 个顶点，12 条棱，而

8+6-12=2；

正十二面体有 12 个面，20 个顶点，30 条

棱，而

12+20−30=2；

正二十面体有 20 个面，12 个顶点，30 条棱，而

20+12−30=2。

你也许会想，哈，我发现不变量啦！

你想得很好！如果你一而再，再而三地遇到同一个数值，你就应该怀疑是不是遇到了不变量。不过，你的发现晚了几百年！

18 世纪瑞士著名数学家欧拉发现了这个事实，他抓住不放，进行了认真研究，终于发现了凸多面体的面数、顶点数、棱数之间存在着不变量，即

面数+顶点数−棱数=2。

这就是著名的“欧拉定理”，上面的公式叫作“欧拉公式”，它是拓扑学的基本定理。

变化是事物发展的普遍规律，而最能说明变化本质的是不变量。因此，数学里有“不变量理论”，它是数学的一个重要的分支。

03

一起来做游戏吧

“16 岁的少年不会发现这个定理！”

法国著名数学家、哲学家笛卡儿看到 16 岁少年巴斯卡所写的一个定理后十分惊讶，他不敢相信巴斯卡小小年纪能如此出色地发现这么重要的几何定理。笛卡儿摇着头说：“16 岁的少年不会发现这个定理！”

德国著名数学家、微积分创立人之一的莱布尼兹说过：“当我读到巴斯卡的著作，我像触电一样，

突然悟到了一些道理。”

笛卡儿所说的定理，是以巴斯卡的名字命名的几何定理。其内容是：

若一个六边形内接于一圆（更一般是圆锥曲线），则每两条对边相交而得到三个点在同一条直线上。

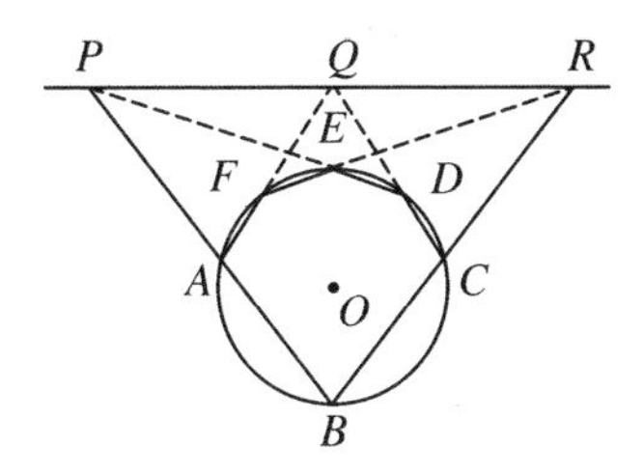

例如六边形 *ABCDEF* 内接于圆 *O*，对边 *AF* 和 *CD* 延长线交于 *Q*，同样 *AB* 和 *DE* 交于 *P*，*FE* 和 *BC* 交于 *R*，交点 *P*、*Q*、*R* 位于同一条直线上。如果六边形的对边两两平行，比如正六边形怎样办？这时认为平行的对边交于无穷远点，那么三个无穷远点 *P*、*Q*、*R* 将位于同一条无穷远线上。（如上图）

后来，数学家就把这个定理叫“巴斯卡定理”。把 *P*、*Q*、*R* 所在的直线叫作“巴斯卡直线”或“巴斯卡线”。

数学上，把几个特殊点在一条直线上的问题叫“共线问题”。由于两点决定一条直线，因此，三个以上的点共线都需要证明。历来的数学家都很重视共线问题。巴斯卡本人从“巴斯卡定理”出发推出了几百条推论。

下面是两个著名的共线问题。

“三角形的重心、垂心和外心共线。这条直线叫欧拉线。”

此定理叫作欧拉定理。

三角形的三条中线交于一点叫三角形的重心，三条高线交于一点叫三角形的垂心，三条边的垂直平分线交于一点叫三角形的外心。上述的欧拉定理告诉我们，这三个点共线。

欧拉定理和欧拉线在几何中占有很重要的地位。下面介绍另一个常用的共线定理，叫作梅涅劳定理。梅涅劳是公元 1 世纪希腊数学家兼天文学家。

“在三角形三条边上(或延长线上)各取一点，这

三点共线的充分必要条件是三个特定的比的乘积等于 1。”

例如 X、Y、Z 是 $\triangle ABC$ 三边 BC、CA、AB 或其延长线上的点，则它们共线的充分必要条件为（如右图）

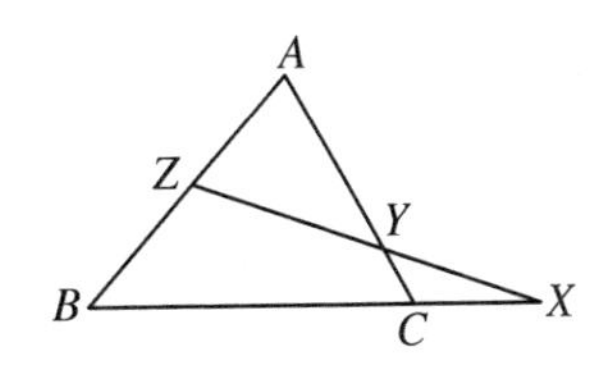

$$\frac{XB}{XC}\cdot\frac{YC}{YA}\cdot\frac{ZA}{ZB}=1.$$

梅涅劳定理对证明共线问题很有用途。但是这个定理后来被人们遗忘了，直到 1678 年才由意大利数学家兼水利工程师塞瓦重新发现。所以这个定理有时也叫“塞瓦定理”。

从太阳神巡星问题到费尔玛点

传说太阳神阿波罗要经常巡视他管辖的三个星球。他从自己的宫殿 O 出发，到达第一个星球 A 后回到宫殿 O；再去第二个星球 B 后回到 O；最后又到第三个星球 C 后回到宫殿。一天，阿波罗心血来潮，他想把自己的宫殿搬到一个合适的位置，使得自己巡视三个星球时，所走的路程最少。但是，阿波罗琢磨了好久也没找到这个合适的位置。

究竟存在不存在这样的位置？如果存在，这个位置在哪儿？这个传说中的数学问题不知经过了多少年，始终没能解决，后来把这个悬案称为“阿波罗巡星问题”。

17世纪，法国著名数学家费尔玛花费了很长时间来研究这个“阿波罗巡星问题”。不过，费尔玛把问题的提法稍加改动，使它更数学化。他把三个星球看成三角形的三个顶点，这样问题就变成：

“如何在一个三角形中求一点，使得该点到三个顶点距离之和为最小？”

从数学上来看，这个问题是一个“共点线问题”。什么是共点线问题？我们知道两条直线如果不平行，肯定要交于一点。但是，三条直线是否交于一点就需要证明了。研究三条以上的直线是否相交于一点的问题就是共点线问题。

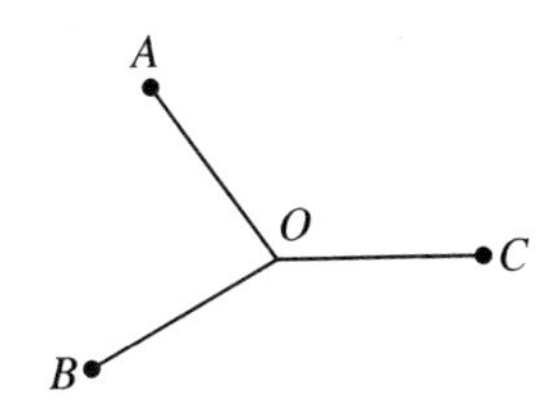

三线共点问题对于我们并不陌生，三角形的三条中线共点（重心）；三条高线共点（垂心）；三边的垂直平分线共点（外心）；三条角平分线共点（内心）。

我们再回到费尔玛要解决的“阿波罗巡星问题”上来。费尔玛肯定阿波罗所要求的点是存在的。当三角形最大的角小于 $120°$ 时，此点位于 $\triangle ABC$ 的内部，称该点为“费尔玛点”。

下面介绍费尔玛点的求法及证明：

下图中，首先以 $\triangle ABC$ 的三边为边，向外作三个正三角形，即$\triangle BCA'$、$\triangle CAB'$、$\triangle ABC'$。

由于$\triangle ABC$各角都小于120°，BB'和CC'必交于$\triangle ABC$内部一点O。连结OA和OA'，只要证明O、A、A'三点共线，也就证明了AA'、BB'、CC'三条直线共点于O。

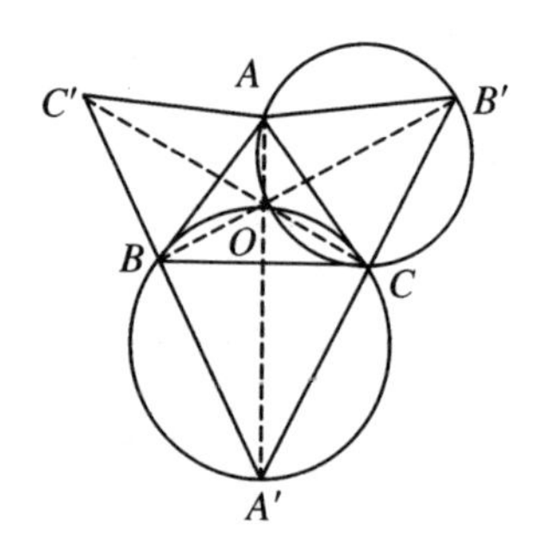

由于向外所作的三角形都是等边三角形，所以$AB=AC'$，$AB'=AC$，且

$$\begin{aligned}\angle BAB' &= \angle BAC+\angle CAB' \\ &= \angle BAC+\angle C'AB \\ &= \angle C'AC,\end{aligned}$$

因此$\triangle ABB'\cong\triangle AC'C$(边角边)。

由此可得A点到OB'、OC'的距离相等(全等三角形的对应高相等)，A点必在$\angle B'OC'$的角平分线上。

又因为$\angle AB'B=\angle ACC'$（全等三角形中对应角相等），所以B'、C点必在以AO为弦的圆弧上，也就是A、O、C、B'四点共圆。

因为$\angle COB'=\angle CAB'=60°$（同弧上的圆周角相等），所以$\angle BOC=180°-60°=120°$。而$\angle BA'C=60°$，$A'$、$B$、$O$、$C$四点一定共圆。

又因为$A'B=A'C$，

所以$\overset{\frown}{A'C}=\overset{\frown}{A'B}$（同圆中等弦对等弧），

$\angle A'OB=\angle A'OC$（同圆中等弧上的圆周角相等）。

OA'为$\angle BOC$的角平分线。

由于$\angle BOC$与$\angle B'OC'$为对顶角，

所以A、O、A'三点共线。

再来讨论另外两种情况：

当$\angle A=120°$时，（如下图1）

$\because$ $\angle C'AB+\angle BAC=60°+120°=180°$，

$\therefore CAC'$是直线，同理BAB'也是直线，此时

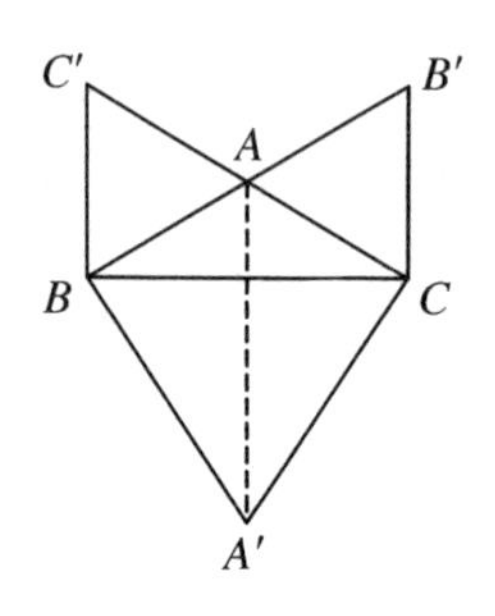

图 1

AA'、BB'、CC'三条直线交于 A 点；

当$\angle A$ 大于 120°时（如下图 2），BB'、CC'交于$\triangle ABC$ 外部一点 O，O 和 A 同在 BC 的一侧，连接OA、OA'，仿上面证明步骤可以证明$\triangle ABB'$与$\triangle AC'C$全等，O、B、A'、C 四点共圆，因此，OA、OA'同是$\angle BOC$ 的平分线，OA 和 OA'必然在同一条直线上，即 AA'、BB'、CC'交于$\triangle ABC$ 外面一点 O。

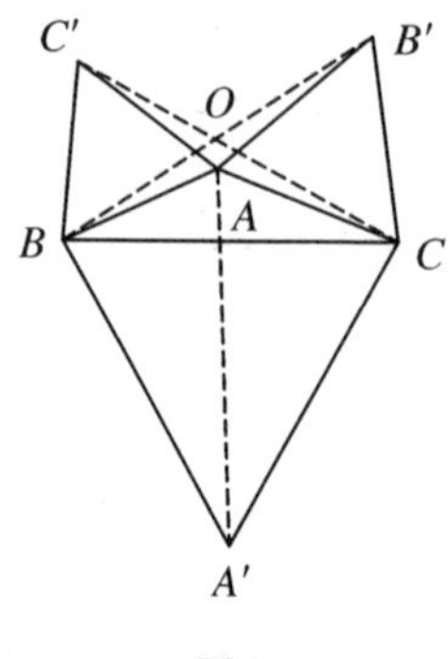

图 2

这样就证明了，对于所有情况 AA'、BB'、CC' 交于一点都是正确的。当交点 O 落入 $\triangle ABC$ 内部时，O 点就是费尔玛点。

下面要证明的是“费尔玛点 O 就是到三角形三个顶点 A，B，C 距离之和最小的点”。

证明：$\because$ O、C、B'、A 四点共圆（见第 101 页图），

$$\angle AB'C=60^\circ,$$

$$\therefore\ \angle AOC=120^\circ.$$

同理可证 $\angle BOC=\angle BOA=120^\circ$.

如下图，过 A，B，C 分别作 OA、OB、OC 的垂线交成新的三角形 DEF。

$$\because\ \angle AOB=\angle BOC$$

$$=\angle AOC$$

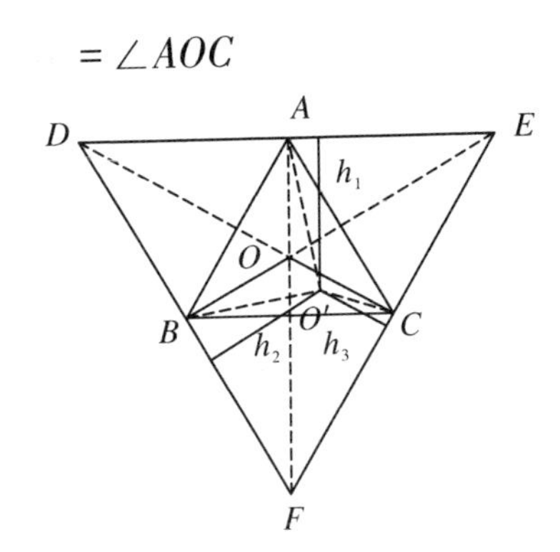

$=120°$,

$\therefore\ \angle D=\angle E=\angle F=60°$,

即$\triangle DEF$为等边三角形。

设等边$\triangle DEF$的边长为a，高为h。

$\because S_{\triangle DEF}=\frac{1}{2}ah$,

又$S_{\triangle DEF}=S_{\triangle DOE}+S_{\triangle EOF}+S_{\triangle FOD}$

$=\frac{1}{2}a(OA+OB+OC)$,

$\therefore\ OA+OB+OC=h.$ (1)

任取异于O的点O'，由于O'点的位置不同可分以下三种情况讨论：

(1) O'在$\triangle DEF$的内部。

可由O'点向$\triangle DEF$三边分别引垂线h_1、h_2、h_3，再连接$O'A$、$O'B$、$O'C$。

$\because$ 斜线大于垂线，

$\therefore\ O'A\geqslant h_1,\ O'B\geqslant h_2,\ O'C\geqslant h_3.$ (2)

$\because\ S_{\triangle DEF}=S_{\triangle DO'E}+S_{\triangle DO'F}+S_{\triangle EO'D}$,

而$S_{\triangle DEF}=\frac{1}{2}ah$,

$$S_{\triangle DO'E}+S_{\triangle DO'F}+S_{\triangle EO'D}=\frac{1}{2}a(h_1+h_2+h_3),$$

$$\therefore \frac{1}{2}ha=\frac{1}{2}a(h_1+h_2+h_3),$$

$$h=h_1+h_2+h_3 . \qquad (3)$$

由(1)，(2)，(3)式可得

$$O'A+O'B+O'C\geqslant h_1+h_2+h_3=h=OA+OB+OC.$$

这就证明 O 点到 A、B、C 三点距离之和最短。

类似方法可证：

(2) O' 点在 $\triangle DEF$ 上；

(3) O' 点在 $\triangle DEF$ 外也有同样结论。

费尔玛点就是太阳神阿波罗要找的点。费尔玛利用共线点解决了“阿波罗巡星问题”。

费尔玛点在实际生活中也是有用的。假定有 A、B、C 三个居民区（$\triangle ABC$ 的内角皆小于 $120°$），要修一个变电站，问变电站修在什么地方，用于连接三个居民区的电线最省？从“阿波罗巡星问题”可知，变电站修在费尔玛点最合适。

几何中最精巧的定理

在△ABC中，AB、BC、CA三条边的中点分别为K、G、H；而三条边上高的垂足分别为F、D、E；设O为垂心，也就是三条高线的交点，M、N、L分别为OB、OC、OA的中点。可以证明K、G、H、F、D、E、M、N、L九个点在同一个圆周上。这个圆叫欧拉圆，也叫费尔巴哈圆。(如下图)

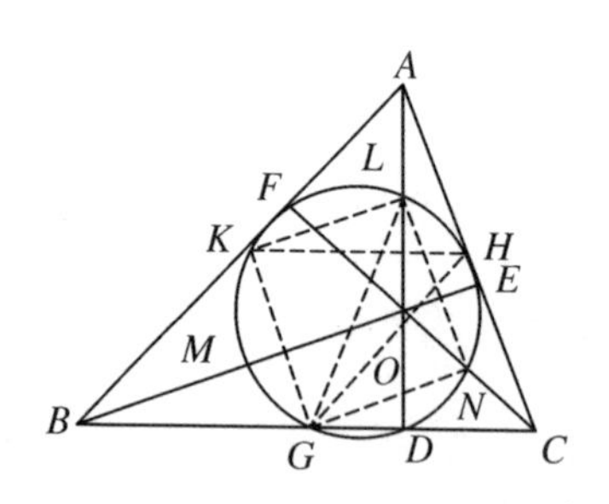

证明九点共圆，乍看起来十分困难。但是，瑞士数学家欧拉和德国数学家费尔巴哈却巧妙地证明了这个定理，被人们称为几何中最精巧的定理之一。数学上把证明几个点在同一个圆上的问题叫作“共圆点问题”。九点共圆是共圆点问题中最著名的问题。

证明：连结 GH、LG，

$\because$ G、H 分别为 BC、AC 边的中点，

$\therefore$ $GH /\!/ AB$.

又$\because$ L 为 AO 的中点，

$\therefore$ $HL /\!/ CF$.

而 $CF \perp AB$，因此 $LH \perp HG$，$\angle LHG = 90°$.

同理可证$\angle LKG = 90°$.

$\because$ L、N 分别为 AO、CO 的中点，

$\therefore$ $LN /\!/ AC$，$\angle LNG = 90°$.

这样，H、K、N、M 都可以看作以 LG 为斜边的直角三角形的直角顶。因此，H、K、N、M、L、G 六点共圆。

$\because$ $\angle LDG = 90°$，

$\therefore$ D 点也在此圆上。

$\because$ $KG /\!/ AC$，$NG /\!/ BE$，而 $AC \perp BE$，

$\therefore$ $KG \perp NG$，$\angle KGN = 90°$.

又$\because$ K、G、N 都在上面所作的圆上，

∴ KN 为圆的一条直径。

∵ $\angle KFN=90°$，

∴ F 点必在圆上。

同理可证 E 点也必在圆上。

因此九点共圆。

前面介绍了几何学中三个重要问题："共线问题"（如欧拉线）、"共点问题"（如费尔玛点）、"共圆点问题"（如欧拉圆），不知你分清楚没有。 几何上还有个"共点圆问题"，这里就不介绍了。

难过的七座桥

哥尼斯堡有一条河，叫勒格尔河。 这条河上，共建有七座桥。 河有两条支流，一条叫新河，一条叫旧河，它们在城中心汇合。 在合流的地方，中间有一个小岛，它是哥尼斯堡的商业中心。

哥尼斯堡的居民经常到河边散步，或去岛上买东西。 有人提出了一个问题：一个人能否一次走遍

所有的七座桥，每座只通过一次，最后仍回到出发点？

如果对七座桥沿任何可能的路线都走一下的话，共有5040种走法。这5040种走法中是否存在着一条既都走遍又不重复的路线呢？这个问题谁也回答不了。这就是著名的“七桥问题”。

这个问题引起了著名数学家欧拉的兴趣。他对哥尼斯堡的七桥问题，用数学方法进行了研究。1736年欧拉把研究结果送交彼得堡科学院。这份研究报告的开头是这样说的：

“几何学中，除了早在古代就已经仔细研究过的关于量和量的测量方法那一部分之外，莱布尼兹首先提到了几何学的另一个分支，他称之为‘位置几何学’。几何学的这一部分仅仅是研究图形各个部分相互位置的规则，而不考虑其尺寸大小。

“不久前我听到一个题目，是关于位置几何学的。我决定以它为例把我研究出的解答方法做一汇报。”

从欧拉这段话可以看出，他考虑七桥问题的方法是，只考虑图形各个部分相互位置有什么规律，而各个部分的尺寸不去考虑。

欧拉研究的结论是：不存在这样一条路线！ 他是怎样解决这个问题的呢？ 按照位置几何学的方法，首先他把被河流隔开

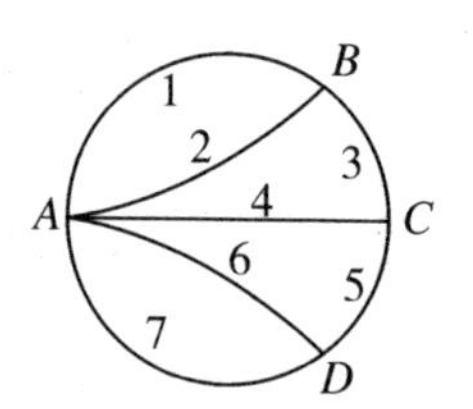

的小岛和三块陆地看成为 A、B、C、D 四个点；把每座桥都看成为一条线。（如上图）这样一来，七桥问题就抽象为由四个点和七条线组成的几何图形了，这样的几何图形数学上叫作网络。 于是，“一个人能否无重复地一次走遍七座桥，最后回到起点”就变成为“从四个点中某一个点出发，能否一笔把这个网络画出来”。 欧拉把问题又进一步深化，他发现一个网络能不能一笔画出来，关键在于这些点的性质。

如果从一点引出来的线是奇数条，就把这个点叫奇点；如果从一点引出来的线是偶数条，就把这

个点叫作偶点。如下左图中的 M 就是奇点，下右图中的 N 就是偶点。

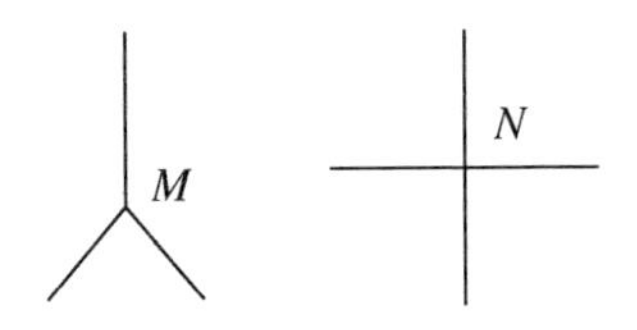

欧拉发现，只有一个奇点的网络是不存在的，无论哪一个网络，奇点的总数必定为偶数。对于 A、B、C、D 四个点来说，每一个点都应该有一条来路，离开该点还要有一条去路。由于不许重复走，所以来路和去路是不同的两条线。如果起点和终点不是同一个点的话，那么，起点是有去路没有回路，终点是有来路而没有去路。因此，除起点和终点是奇点外，其他中间点都应该是偶点。

另外，如果起点和终点是同一个点，这时，网络中所有的点要都是偶点才行。

欧拉分析了以上情况，得出如下规律：

一个网络如果能一笔画出来，那么该网络奇点的个数或者是 2 或者是 0，除此以外都画不出来。

由于七桥问题中的 A、B、C、D 四个点都是奇点，按欧拉的理论是无法一笔画出来的，也就是说一个人无法没有重复地走遍七座桥。

下图中(1)、(2)、(3)都可以一笔画出来，但是(4)中的奇点个数为4，无法一笔画出。

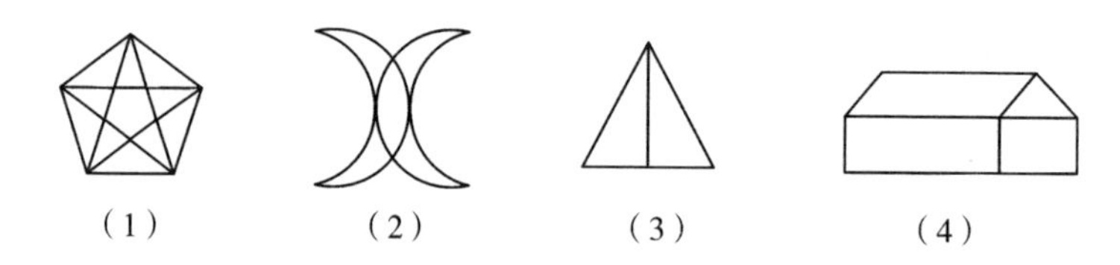

如果图中没有奇点如下图(1)和(2)，可以从任何一点着手画起，最后都能回到起点，如果图中有两个奇点，如图(3)，必须从一个奇点开始画，到另一个奇点结束。

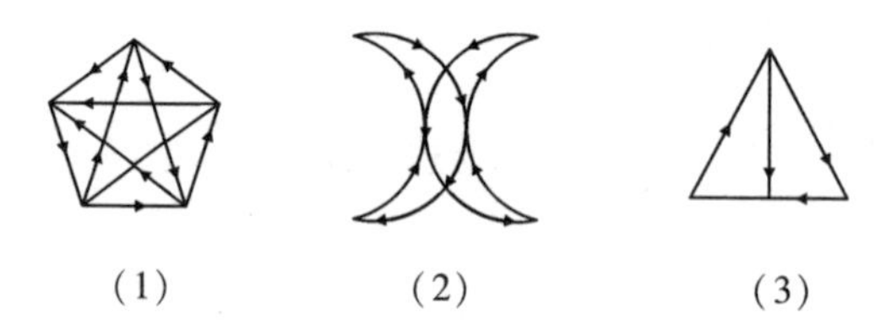

欧拉对哥尼斯堡七桥的研究，开创了数学上一个新分支——拓扑学的先声。

哈米尔顿要周游世界

19 世纪爱尔兰著名数学家哈米尔顿很喜欢思考问题。1859 年的一天，他拿到一个正十二面体的模型。正十二面体有 12 个面、20 个顶点、30 条棱，每个面都是相同的正五边形。（如下图）

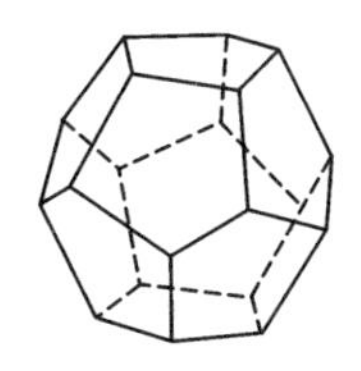

哈米尔顿突然灵机一动，他想，为什么不能拿这个正十二面体做一次数学游戏呢？假如把这 20 个顶点当作 20 个大城市：如巴黎、纽约、伦敦、北京……把 30 条棱当作连接这些大城市的道路。一个人从某个大城市出发，每个大城市都走过，而且只走一次，最后返回原来出发的城市。问这种走法是否可以实现？这个问题就是著名的“周游世界问题”。

解决这个问题最重要的是方法。真的拿着正十二面体一个点一个点的去试？显然这个方法很难把问题弄清楚。如果把正十二面体看成是由橡皮膜做成，就可以把这个正十二面体压成平面图形。如果哈米尔顿所提的走法可以实现的话，那么这 20 个顶点一定是一个封闭的 20 角形的周界。

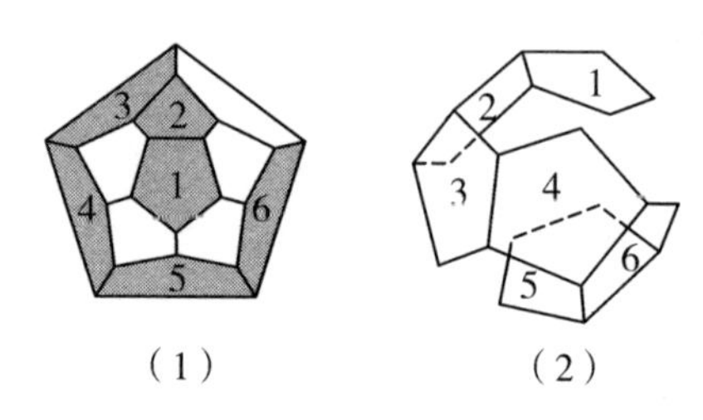

图(1)是一个压扁了的正十二面体，上面可以看到 11 个五边形，底下面还有一个拉大了的五边形，总共还是 12 个正五边形。从这 12 个压扁了的正五边形中，挑选出 6 个相互连接的五边形(图中画斜线部分)。这六个五边形在原正十二面体中的位置如图(2)，把这六个相互连接的正五边形摊平，就是图(3)的形状。而图(3)就是一个有 20 个顶点的封闭的 20 边形。

下面一个问题是：图(3)的 20 个顶点，是不是正十二面体的 20 个顶点呢？ 从图(1)可以看出，图(3)的 20 个顶点确实是正十二面体的 20 个顶点。 这样一来，由于图(3)的 20 边形从 A 点出发，沿边界一次都可以走过来，因此哈米尔顿的想法是可以实现的。

A

(3)

04

挑战高难度

人是会呼吸的

谈命题的几种形式

“人是会呼吸的”，这是判断一个事实的句子，叫作命题。一个命题是由题设和结论两部分组成的。在“人是会呼吸的”这个命题中，题设是“人”，结论是“会呼吸的”。命题有真命题和假命题两种，“人是会呼吸的”是一个真命题。

数学命题的一般形式为：

“若……则……”

简记为“若 A，则 B”或“$A=B$”。前一部分表达命题的条件，后一部分表达命题的结论。

数学命题还有几种不同的叙述方法（比如“如果……那么……”，“假设……证明……”），几何上最常用的命题叙述方法是“已知……求证……”前一部分是题设，后一部分是结论。

“人是会呼吸的”由两部分构成，即“人”和“会呼吸的”。把“人”作为题设，“会呼吸的”作为结论，可以构成一个命题“人是会呼吸的”；如果把“会呼吸的”作为题设，而把“人”作为结论，又可以构造出一个新命题“会呼吸的是人”。把前一个命题叫作原命题，那么后一个命题叫作原命题的逆命题。原命题与它的逆命题称为互逆的命题。

原命题是真的，它的逆命题是不是也一定是真的呢？

那可不一定。“人是会呼吸的”是真命题，但是它的逆命题“会呼吸的是人”却是个假命题。说它是假命题，是因为会呼吸的不一定就是人，猫、鱼、蜜蜂，甚至连植物也都会呼吸呀！这说明原命题正确，它的逆命题不一定正确。相声里的反正话，就是利用原命题和它的逆命题一个对一个不对，来作为艺术表现手法的。比如“我吃肉”与“肉吃我”，“我打狗”与“狗打我”，就是一个正确，一个错误。

在证几何题时，有时会不自觉地用到了一个已知命题的逆命题，或者一个定理的逆命题(当它为真命题时才叫作逆定理)，这样做是很危险的。比如勾股定理“如果三角形是直角三角形，则它的两直角边的平方和等于斜边的平方”。有人在证明一个角是直角时，使用了勾股定理的逆命题“如果三角形的两边平方和等于第三边的平方，则它是直角三角形”。幸好，这个逆命题是对的，使用它证题才没有犯错误。换一个定理就不一定行了。比如定

理“两个三角形全等，则它们的三对对应角相等”。这个定理的逆命题是“三对对应角相等的两个三角形，是全等三角形”。显然，这个逆命题是不成立的。因为只能确定三对对应角相等的两个三角形相似，并不能保证这两个三角形全等。

把命题“人是会呼吸的”中的题设和结论都给予否定，又可以构造出一个新命题——“不是人是不会呼吸的”。这个命题叫作原命题的否命题。“不是人是不会呼吸的”这个命题显然是错误的，这说明一个真命题的否命题也不一定真，与逆命题一样需要重新考查和证明。

比如“若两条直线平行，则同位角相等”，这个定理的否命题是“若两条直线不平行，则同位角不相等”，这个否命题是对的；而“对顶角相等”的否命题“不是对顶角不相等”却是错误的。

把原命题中的结论加以否定作为题设，而把原命题中的题设加以否定作为结论，还可以构造出一个新命题。比如“人是会呼吸的”，按上述方法可以构造出“不会呼吸的就不是人”这个新命题。这样构造出来的新命题叫作原命题的逆否命题。这个逆否命题却是对的。逻辑学告诉我们：原命题真，它的逆否命题一定也真；反之，原命题假，它的逆否命题一定也假。也就是说，互为逆否的两个命题同真或同假。这样一来，使用一个定理的逆否定理时，是不需要重新证明的。请看下面两例。

原命题：如果一个三角形是等腰三角形，那么它的两个底角相等。（真）

逆否命题：如果一个三角形的两个底角不相等，那么它不是等腰三角形。（真）

原命题：角平分线上的点到角的两边距离相等。（真）

逆否命题：到角的两边距离不相等的点不在角平分线上。（真）

一个命题可以变出四种形式的命题：原命题，逆命题，否命题，逆否命题。它们的构成如下：

原命题　　若 A 成立，则 B 就成立，或“$A\Rightarrow$

B”。

逆命题　　若 B 成立，则 A 就成立，或“$B \Rightarrow A$”。

否命题　　若 A 不成立，则 B 就不成立，或“非 $A \Rightarrow$ 非 B”。

逆否命题　若 B 不成立，则 A 就不成立，或“非 $B \Rightarrow$ 非 A”。

再举两个例子，看看四种命题间的关系。

第一个例子：

原命题　　若两个角是对顶角，则这两个角相等。（真）

逆命题　　若两个角相等，则这两个角是对顶角。（假）

否命题　　若两个角不是对顶角，则这两个角不相等。（假）

逆否命题　若两个角不相等，则这两个角不是对顶角。（真）

第二个例子：

原命题　　若两个角相等，则这两个角是直角。（假）

逆命题　　若两个角是直角，则这两个角相等。（真）

否命题　　若两个角不相等，则这两个角不是直角。（真）

逆否命题　若两个角不是直角，则这两个角不相等。（假）

从上面的例子可以看出：原命题与逆否命题同真或同假；逆命题与否命题同真或同假。

请你猜一部电影名

谈充分必要条件

给你三个条件，请你猜一部电影的名字：

1. 这是一部从 1950 年到 1980 年间放映的、描写我国科学家生平的影片。

2. 这是以三个字的人名命名的影片。

3. 这是一部彩色故事片。

如果你爱看电影的话，费不了多大劲，你就会猜出这部电影是《李四光》。

仔细琢磨一下猜片名的过程，这里还有学问呢！ 给定的三个条件既是足够的(充分的)，又是缺一不可的(必要的)。

条件是充分的——如果条件给得不够，你怎么会猜出是《李四光》呢？

条件是必要的——缺了哪一条也不成。如果缺了第一条就可能猜成《林则徐》；如果缺了第二条就可能猜成《张衡》；如果缺了第三条就可能猜成《李时珍》。

由猜电影名这件事上，可以体会一下什么是充分条件，什么是必要条件。

一个事实成立或不成立总是在一定条件下的。比如：

“若两个三角形全等，则这两个三角形的对应边相等。”

这个命题的条件是“两个三角形全等”，结论是“这两个三角形的对应边相等”。命题中的条件能足以保证结论的实现。再如：

“若 a，b 都是偶数，则 $a+b$ 也是偶数。”

在这个命题中，条件“a，b 都是偶数”也足以保证结论“$a+b$ 是偶数”成立。

因此，若条件 A 具备时，某事件 B 必然成立，则称条件 A 为事件 B 的充分条件，即“若 A 则 B”

是正确的，A 叫作 B 的充分条件。

在上面的例子中，“两个三角形全等”是“这两个三角形的对应边相等”的充分条件；“a，b 都是偶数”是“$a+b$ 是偶数”的充分条件。

充分条件不一定是唯一的。比如“a，b 都是奇数”也可以作为“$a+b$ 是偶数”的充分条件。也就是说，即使“a，b 都是偶数”这个条件不成立，结论“$a+b$ 是偶数”也可以照样成立。又比如“摩擦一定生热”。这里，摩擦是生热的充分条件。但是，这个条件又不是唯一的充分条件，因为燃烧也可以生热，不一定非摩擦不可。

一般来说，命题“若不 A 则不 B”成立，则把 A 叫作 B 的必要条件。比如“一组对应边相等”是“两个三角形全等”的必要条件。这是因为在两个三角形中，有一组对应边不相等，这两个三角形必然不是全等三角形。

必须注意，必要条件不一定保证结论的成立，但又不允许去掉，去掉了它就必然导致结论不能成立，因此这个条件是保证结论成立所必需的。前面猜电影片名中，三个条件都是影片《李四光》的必要条件，缺少了哪一条也得不出是电影《李四光》的结论，但是单独拿出哪一条也保证不了得出《李四光》的结论。

还要注意的是，充分条件有时可以用其他条件代替，而必要条件却不可以。比如前面提到的命题“两个三角形全等，有一组对应边相等”。这里“一组对应边相等”是“两个三角形全等”的必要条件。只有“一组对应边相等”这个条件并不能保证“两个三角形全等”；但是，没有“一组对应边相等”，就不可能有“两个三角形全等”的结论。

在几何学中，用得最多的是所谓充分必要条件，简称充要条件。比如命题“若一个三角形顶角平分线是底边上的中线，则这个三角形是等腰三角形”，其中“一个三角形顶角平分线是底边上的中线”是“这个三角形是等腰三角形”的充分条件，也是必要条件，所以是充分必要条件。

要证明一个命题的条件是充分必要条件，就需要证明原命题和逆命题都真。

吃得多和长得胖

谈循环论证

一个瘦子问胖子："你为什么长得这么胖？"

胖子回答说："因为我吃得多。"

瘦子又问胖子："你为什么吃得多呢？"

胖子回答："因为我长得胖。"

胖子的回答真是使人啼笑皆非。他回答瘦子提

出的第一个问题时，是以“吃得多”为理由的；而他回答瘦子的第二个问题时，又以“长得胖”为理由。胖子的回答能解决瘦子的问题吗？当然不能。胖子的这种论证，叫作“循环论证”，是说明不了任何问题的。

证明几何命题，要切忌“循环论证”。但是有些初学几何的人，在证明命题时，常会犯这样的错误。请看下例。

已知：在$\triangle ABC$中，$\angle A=\angle B=\angle C$.

求证：$\angle A+\angle B+\angle C=180°$.

证明：$\because$ $\angle A=\angle B=\angle C$,

$\therefore$ $\triangle ABC$为等边三角形

又$\because$等边三角形每个内角等于$60°$,

$\therefore \angle A+\angle B+\angle C=180°$.

这个命题的证明表面看起来有根有据，实际上是错误的。错误出在证明三角形内角和等于$180°$，不能用等边三角形的每个内角等于$60°$作依据。你查一下书就会明白，等边三角形的各个内角等于$60°$

是用三角形内角和等于 180°才证明出来的，这岂不是循环论证了吗？

三角形内角和等于 180°的命题应该这样证明：

已知：$\triangle ABC$.

求证：$\angle A+\angle B+\angle C=180^\circ$.

证明：延长 AB 边到 D，过 B 作 $BE /\!/ AC$。

$\because$ $BE /\!/ AC$,

$\therefore$ $\angle 1=\angle 5$,

$\angle 2=\angle 4$,

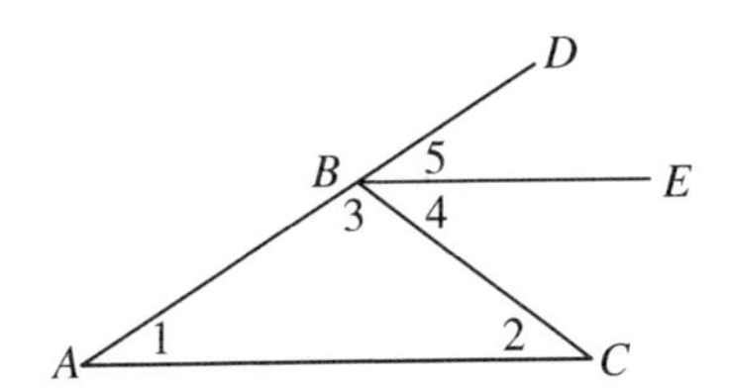

$$\begin{aligned}\angle A+\angle ABC+\angle C &= \angle 1+\angle 2+\angle 3\\ &= \angle 3+\angle 4+\angle 5\\ &= 180^\circ.\end{aligned}$$

如果仅仅是两个命题，循环论证还比较容易发现。命题一多，循环论证就不那么容易发现了。比如有 A，B，C，D 四个命题。证明命题 A 正确，要用命题 B 作依据；证明命题 B 正确，要用命题 C 作依据；证明命题 C 正确，要用命题 D 作依据；而证明命题 D 正确，又必须用命题 A 作依据。转了一个大圈，结果证明命题 A 正确，要用命题 A 作依据，这怎么成呢？

循环论证的错误，不仅初中同学容易犯，有的人直到高中毕业还没解决。1980 年高考的数学题中有这么一道题：证明勾股定理。（如右图）有些考生是这样证明的：

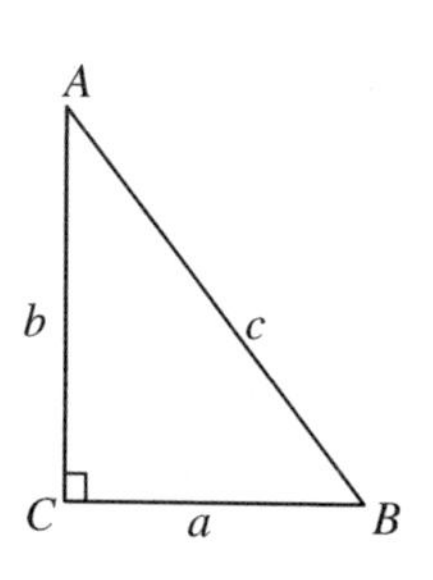

由余弦定理知道：

$c^2=a^2+b^2-2ab\cos C.$

$\because\ \angle C=90°.$

$\cos C=\cos 90°=0.$

$\therefore\ c^2=a^2+b^2.$

看上去证明过程非常简单。殊不知，这种证法根本不对。因为余弦定理是以勾股定理作依据证出来的，现在又反过来用余弦定理证明勾股定理，当然不对了。

为了防止出现循环论证的错误，要把定理出现的先后顺序弄清楚，以便在证明命题时，知道哪些定理可用，哪些定理不可用。

“水流星”的启示

谈轨迹的性质

杂技中“水流星”这个节目是很好看的。舞台上灯光灭掉，杂技演员舞动水流星，只见一个一个的光圈在台上飞舞，很吸引人。

水流星是一个不大的物体，在几何上可以近似地看作一个点。它怎样能形成一个一个亮的圆圈呢？一是因为水流星在快速运动，二是因为人的眼睛有视觉暂留。

要把水流星舞出一个真正的圆来，要具备两个条件：

1. 水流星要在一个平面内运动。

2. 在抡动水流星的过程中，手的位置不能动，绳子的长度不能变。

以上两点虽然很难做到，但是它们是形成圆的不可缺少的要素。

在两千多年前的战国时期，我国学者对圆已经有了深刻的认识。墨家的创始人墨翟曾经给圆一个十分精辟的定义："圜，一中同长也。""圜"，就是现在说的圆；"一中同长"的意思是，在平面内距离一个定点(中心)等于同样长度的所有的点形成的图形。

从墨翟的定义中我们可以看到，圆上的每一个点都具有一种共同的性质：到中心 O(圆心)的距离相等，都等于一个固定长度(半径)。可以说圆上的点是很"纯粹"的，一个不符合条件的假点也没有；另一方面，到圆心 O 的距离等于定长的点一个不漏地都在圆上。如果你在圆外任找一点 B，连接 OB 必然和圆相交于一点 A。因为 OA 等于半径，所以 OB 必然比半径长，说明 B 点不具备上述条件；在圆内任找一点 C，连接 OC，延长 OC 与圆相交一点 A。显然，C 到中心 O 的距离比 OA 的长度短，C

点也不具备上述条件。这就说明，不管是圆内的点，还是圆外的点都不具备“到中心 O 的距离等于固定长度”这一条件，具备这一条件的点无一遗漏地都在圆上。可以说圆上的点是很“完备”的，一个漏掉的也没有。（如下图）

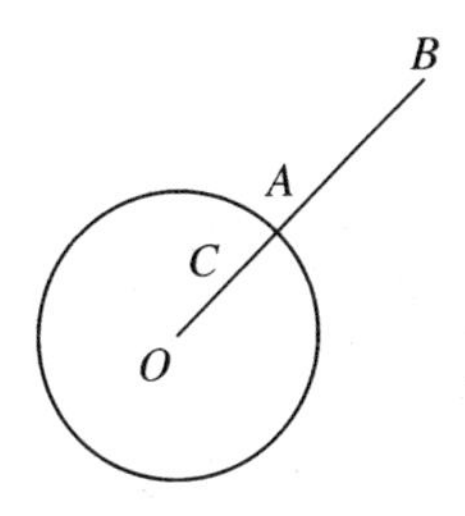

纯粹性和完备性是构成圆的必不可少的两个条件。这两个条件说通俗一点就是“不杂”“不漏”。

为了进一步弄懂什么是“不杂”“不漏”，这里讲一个兔爸爸和兔妈妈找孩子的故事。

天快黑了，兔爸爸和兔妈妈想查找一下自己家的小兔子是否都回来了，有没有别家的小兔子错走到自己家来。

兔妈妈看了看窝里的兔子说：“窝里的小兔子都是咱们家的孩子。”

兔爸爸摇了摇头说：“你只说明了窝里没有别人家的孩子，可是还有没有咱们的孩子没回家呢？”

兔妈妈说：“这我可不知道。”天黑了，兔爸爸和兔妈妈担心可能有自己的孩子没回窝，一夜也没合眼。

第二天傍晚，小兔又都回家了。兔爸爸先不忙着回家，而是到大树林里转了好几圈，没有发现自己的孩子。他回家后高兴地对兔妈妈说：“今天我把外面都找遍了，没有发现咱们家的孩子，咱们家的孩子都回来了，这回你可以放心了。”

兔妈妈却摇了摇头说：“虽说咱家的孩子都回来

了。可是我刚才忘了清点一下咱们家里会不会有别人家的孩子呀！谁家丢了孩子也睡不着觉啊。”兔爸爸和兔妈妈又一夜没睡好。

第三天傍晚，兔爸爸和兔妈妈一起动手：兔妈妈查清了窝里都是自己的孩子，兔爸爸在外面没有发现自己的孩子。这一夜，两人安心地睡了。

为什么这么安心呢？兔妈妈保证了纯粹性，也就是“不杂”；兔爸爸保证了完备性，也就是“不漏”。既不杂又不漏，还有什么不放心的呢？

总之，把静止的图形看成是由动点运动而形成的，这是轨迹的特点；纯粹性、完备性是轨迹的主要性质。

把敌舰击沉在何处

谈轨迹交接法

在某海域上，发现敌人的一艘运输舰。这艘运输舰活动的规律是：每天早上该舰始终沿着到 A、B 两个小岛距离相等的航道，从南向北行驶。还发现，在敌运输舰活动时，周围没有其他舰船护航。为了击沉这艘敌舰，我军在 A、B 岛附近的 C 岛上，隐蔽地架设了一门炮。炮的射程是固定的，为20千米。问敌舰行驶到什么位置时，我军大炮可以一举将它击沉？

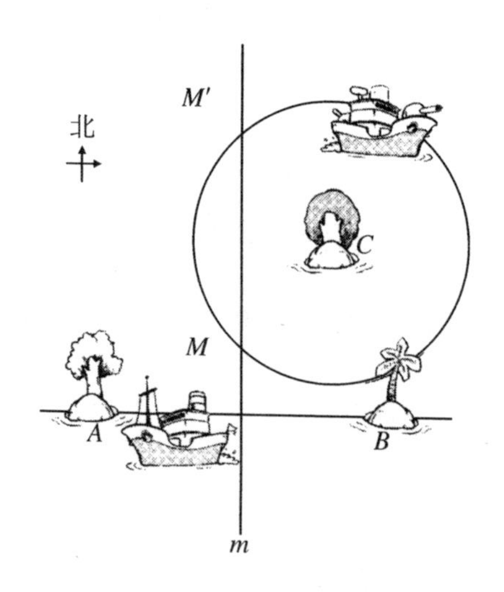

可以这样来求击沉敌舰的合适位置：首先把三个小岛看作三个定点 A、B、C，把敌舰看成是按着“某种规律”运动的动点 P。这里的“某种规律”是指 P 点在运动过程中同 A、B 两点的距离保持相

等，也就是说，P 点的轨迹是线段 AB 的垂直平分线 m。我方大炮的射程是 20 千米，炮身可以旋转 360°，因此，炮弹的弹着点是以点 C 为圆心、以 20 千米长为半径的一个圆。

在海图上把直线 m 和圆 C 画出来，会发生以下三种情况：

1. 如果圆 C 和直线 m 有两个交点 M 和 M'，说明有两个合适位置，即在 M 点或者 M' 点可以击沉敌舰。

2. 如果圆 C 和直线 m 有一个交点 M（即相切时），说明只能在 M 点把敌舰击沉。

3. 如果圆 C 和直线 m 不相交，说明用这门炮打不到敌舰，要换射程更远的大炮来打才行。

上面这种求特殊点的方法叫作轨迹交接法。这是一种常用的方法。

这样求出来的位置可靠吗？可靠。可靠的原因是，轨迹具有“不杂”“不漏”两个特点。以 P 点运动的轨迹 m 来说吧，“不杂”是指直线 m 上的点都具备“到 A、B 两点的距离相等”的性质；“不漏”是指凡具备“到 A、B 两点距离等远”性质的点，一定在直线 m 上。为什么说具有不杂、不漏两个特点就一定可靠呢？如果圆 C 和直线 m 有交点 M，M 点在圆 C 上，由不漏知道，炮弹一定能打到 M 点；M 点又在直线 m 上，由不杂知道，只要敌舰沿着直线 m 这个轨道前进，就不会打错。这样，敌舰既跑不了又打不错，还不可靠吗？

一个图形要成为符合某些条件的点的轨迹，必须具备不杂、不漏这两个特点。而对这两点又必须给予数学上的严格证明，才能肯定。下面以直线 m 是敌舰轨迹为例，证明一下。

已知：线段 AB 和 AB 的垂直平分线 m。

求证：距 A、B 等远的点 P 的轨迹是直线 m。

证明：(1)纯粹性(即不杂)：设 P 为直线 m 上任一点，由于线段垂直平分线上的点到线段两端的距离相等，所以 $PA=PB$。(如下图)

(2)完备性(即不漏)：设 AB 的中点为 C，又设

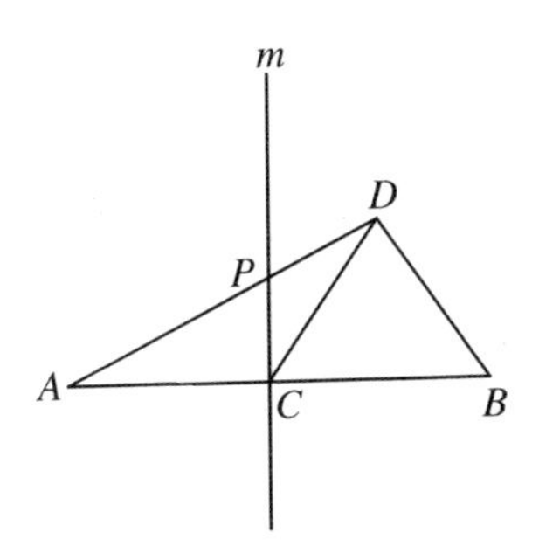

D 为距 A、B 等距离的点(有意画在直线 m 外)。 连接 AD、CD 和 BD,$\triangle ADB$ 为等腰三角形,CD 为等腰三角形底边上的中线。 由于等腰三角形底边上中线也是底边上的高线,而过一点引已知直线的垂线只能引一条,所以 CD 必与直线 m 重合,D 点必在直线 m 上。

因此,直线 m 是距 A、B 等距离的点 P 的轨迹。

下面再举一个例子。 利用轨迹交接法求新岗亭的位置:(如下图)

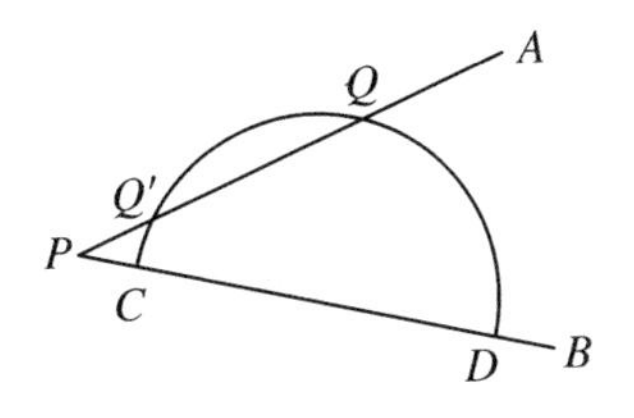

AP 和 BP 是交叉公路，在 PB 公路上的 C 点和 D 点处已设有交通岗亭。现在要在 PA 公路上新设一个岗亭 Q，使 $CQ \perp QD$。求新岗亭 Q 的位置。

首先，Q 点应该在直线 PA 上；由基本轨迹可知，对 C、D 两点张 $90°$ 角的点，是以 CD 为直径的圆。

可以以 CD 为直径画圆（只画上半圆就可以了），这时会出现三种情况：

1. 半圆与 PA 有两个交点 Q 和 Q'。

2. 半圆与 PA 只有一个交点 Q（相切）。

3. 半圆与 PA 不相交。

分别对应着两解、一解和无解。

翻过来倒过去

谈谈图形的变换

下图有 9 个圆圈，请你从黑圈开始，一笔画出四条相连的线段，恰好通过9个圆圈。

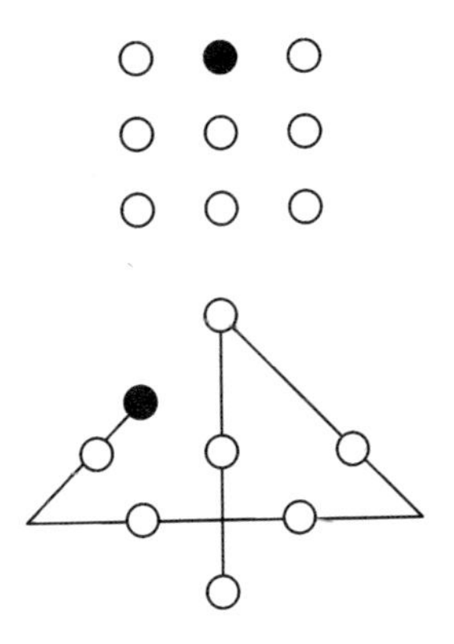

这个问题看上去挺简单，可是你真的动手画的话，就会发现并不好画。

把整个图向左转动45°，才画出了下图。如果不把图转到一个合适的位置，还真不容易看出有这样一条路径。

比如求下图中阴影部分的面积。直接去解，由于阴影部分被分割成四部分，计算起来比较麻烦。如果把图形沿中线剖分成两半，将右半个图旋转90°，这样图形就比前面图形明显多了。阴影部分的面积是从半圆面积中减去直角三角形 *OAB* 的面积。

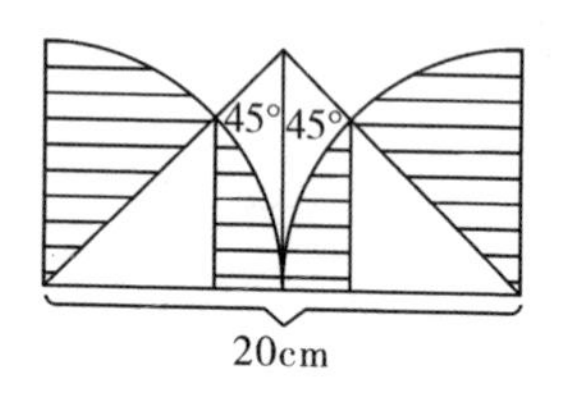

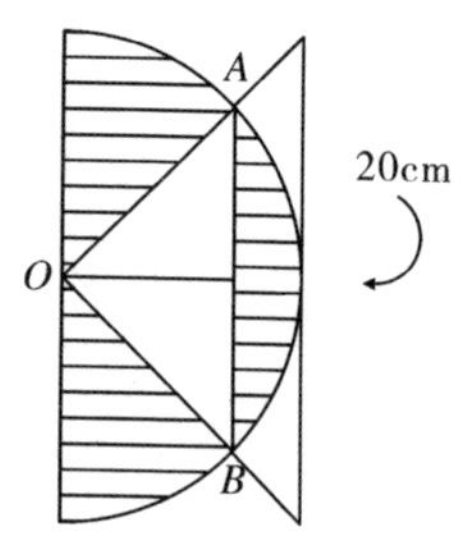

从图中可知圆的半径是 10cm，则

$S_{Rt\triangle OAB}=\frac{1}{2}OA\times OB=\frac{1}{2}\times 10\times 10$

$=50(\mathrm{cm}^2)$.

而半圆面积 $S_1=\frac{1}{2}\pi R^2=\frac{1}{2}\pi\times 10^2$

$=\frac{1}{2}\times 3.14\times 100$

$=157(\mathrm{cm}^2)$.

所以阴影面积 $S=S_1-S_{Rt\triangle OAB}=157-50$

$=107(\mathrm{cm}^2)$.

中小学科普经典阅读书系

藏在生活中的数学:张景中教你学数学	张景中
穿过地平线——李四光讲地质	李四光
偷脑的贼	潘家铮
神奇的数学	谈祥柏
谈祥柏讲神奇的数学 2	谈祥柏
桥梁史话	茅以升
大自然的语言	竺可桢
极简趣味化学史	叶永烈
叶永烈讲元素的故事	叶永烈
数学花园漫游记(名师讲解版)	马希文
爷爷的爷爷哪里来	贾兰坡
细菌世界历险记	高士其
时间的脚印	陶世龙
海洋的秘密	雷宗友
科学“福尔摩斯”	尹传红

人类童年的故事	刘后一
就是算得快	刘后一
不知道的物理世界	赵世洲
呼风唤雨的世纪	路甬祥
李毓佩:奇妙的数学世界	李毓佩
李毓佩:几何王国大冒险	李毓佩
李毓佩:神奇的方程之旅	李毓佩
五堂极简科学史课	席泽宗
原来数学这样有趣	刘薰宇
十万个为什么	(苏)米·伊林
元素的故事	(苏)依·尼查叶夫
趣味数学	(俄)别莱利曼
醒来的森林	(美)约翰·巴勒斯
地球的故事	(美)房龙
物理世界奇遇记	(美)乔治·伽莫夫
牛津教授的16堂趣味数学课	(英)大卫·艾奇逊
居里夫人与镭	(英)伊恩·格拉汉姆
达尔文与进化论	(英)伊恩·格拉汉姆